U0156922

河南
养殖池塘常见藻类原色图集

张 曼 董 静 高云霓◎主编

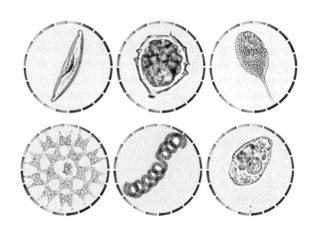

中国农业出版社
北 京

本书获得河南师范大学研究生优质课程项目（YJS2021KC06，YJS2022KC03），河南师范大学学术专著出版基金项目（2020），河南省科技厅重大公益项目（201300311300），河南省新农科研究与改革实践项目（2020JGLX115），河南省科技攻关重点研发与推广专项（212102310842），河南省高等教育教学改革研究与实践项目（2021SJGLX205Y）的资助。

作者简介

张　曼　女，1982年3月生，副教授，2013年博士毕业于暨南大学水生生物研究所，水生生物学专业。主要研究方向为淡水生态学，藻类学。2013年就职于河南师范大学水产学院，2018年赴美国佛罗里达大学访问。主要从事藻类相关的教学和科研工作。近年来，主持与藻类相关的国家自然基金2项和省部级项目多项，是河南省线上一流课程（《水生生物学》）在中国大学慕课平台的课程负责人。

董　静　女，1988年2月生，副教授，2014年博士毕业于中国科学院水生生物研究所，水生生物学专业。主要研究方向为藻类环境生物学、藻类生理生态学。2014年就职于河南师范大学水产学院，主要从事藻类相关的教学和科研工作。近年来，主持与藻类相关的国家自然基金1项和省部级项目3项，主持新农科教改项目1项，是河南省一流课程（《水生生物学实验》）的课程负责人。

高云霓　女，1982年3月生，副教授，2010年毕业于中国科学院水生生物研究所，获环境科学专业博士学位。2010—2014年中科院水生生物研究所水生生物学专业博士后。2014年就职于河南师范大学水产学院，2017年赴澳大利亚河流研究所藻类生态学课题组访学。主要从事池塘等水体藻类群落结构监测、调控和有害蓝藻生态防控相关的教学和科研工作。近年来，主持相关国家自然基金1项和省部级项目3项，参与《水生生物学》等河南省精品在线课程建设。

本书编委会

主　　编　张　曼　董　静　高云霓

副 主 编　李学军　周传江　胡　韧　刘　洋

　　　　　陈礼刚　孟晓林

参　　编　（按姓氏笔画排序）

　　　　　马　晓　王一帆　王先锋　代杜娟

　　　　　冯世坤　吕绪聪　朱命炜　刘　妍

　　　　　李　玫　李晨露　李聪慧　杨　越

　　　　　杨　惠　吴红英　张　玮　张开松

　　　　　张巧鸽　张建平　张圆圆　张景晓

　　　　　罗　粉　庞显炳　宗江龙　赵文武

　　　　　赵书燕　胡有银　姜　钧　姜小蝶

　　　　　曹玉莲　董文广　曾大庆

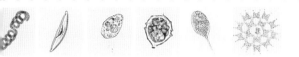

PREFACE 序

　　池塘养殖是利用池塘进行水生经济动物的生产方式。人们通过苗种的物质投入，干预和调控影响养殖动物生长的环境条件，以获得高产出。据记载，池塘养殖是我国历史上最早的一种水产养殖方式，已有3 000多年的历史。《2020中国渔业统计年鉴》显示，2019年，全国水产品总产量6 480.36万t，其中养殖产量高达5 049.07万t；淡水养殖面积511.63万hm²，其中池塘养殖面积高达264.47万hm²，占淡水养殖面积的51.7%。池塘养殖大多数采用精养和半精养方式，经过适当的密度混养，充分发挥饵料、肥料和水体的生产潜力，资源利用程度较高。近年来，我国很多地区实施了生态池塘标准化改造，全国生态标准化池塘面积大幅度增加，大大促进了池塘养殖的可持续发展。

　　河南省地处中原，水资源相对缺乏，养殖池塘较多分布在黄河沿岸，西起洛阳，东到商丘一带，多以单一品种的精养池塘为主，辅以花白鲢套养。2019年，河南省渔业经济总产值204.7万元，占农业产值比重的1.4%；全省渔业总产量990 858t，其中淡水养殖业总产量高达878 603t，占全省渔业总产量的88.7%；全省池塘总产量725 808t，占全省淡水养殖总产量的82.6%。可见，渔业巨大的产量与渔业经济总产值仍存在一定程度的不平衡。近年来，水产养殖业竞争日趋激烈，河南省养殖品种结构也随市场调控发生了一定变化。2019年，在全省878 603t的淡水养殖总产量中，草鱼产量137 983t（占比15.7%），鲤产量213 296t（占比24.3%），鲢、鳙占比也较高，其余养殖品种虽占比不高，但种类丰富，包括青鱼、鲫、鳊、鲂、泥鳅、鲇、鲴、小龙虾、黄颡、黄鳝等。目前，池塘养殖仍是河南省水产品的主要养殖方式，因此确保养殖池塘的良好水质条件与生态状况对维持产业的良性与可持续发展尤为重要。

为保证水产品的高产和优质，必须确保养殖池塘的生态质量与水质优良。藻类群落是池塘生态系统中最重要的初级生产者，群落的种类组成与生物多样性直接反映池塘的生态健康情况，影响养殖产量与品质。2019年4月，河南省农业农村厅水产局发布了渔农（渔业）函〔2019〕3号文，在全省渔业技术推广体系中组织并召开了河南省养殖池塘藻类监测工作会议，强调了池塘生态系统中藻类监测的重要性。河南师范大学水产学院的科研人员多年来一直开展池塘生态学研究，围绕全省池塘水质监测与评估方法开展大量的基础性工作，基于已开展的监测与调查工作，撰写了《河南养殖池塘常见藻类原色图集》一书。本书对于养殖池塘的水质评估、藻类调控、藻华防控和生态系统健康管理有着重要的参考价值，对于从事水产养殖研究人员、技术推广人员、产业从业人员也有重要的参考作用。

暨南大学水生生物研究中心

2020年9月29日

FORWORD　前　言

　　浮游藻类是养殖池塘中的主要生产力，对养殖对象、水环境和水生生态系统有着极其重要的作用。浮游藻类通常个体微小，形态多种多样，具有多种光合色素和贮藏物质，需要借助光学显微镜甚至电子显微镜才能观察清楚。近年来，藻类在水质监测评价中也得到了广泛应用，藻类的种类和数量变化可指示水体的富营养化或污染程度，是评价水环境的重要指标。

　　河南师范大学自2019年起开展了河南省养殖池塘藻类监测工作，所采集池塘涵盖了全省18个市共12个养殖种类，于春季和夏季两个重要的养殖季节进行了系统的采集工作，其中春季采集了169个池塘，夏季214个池塘。在全面调查的基础上，进一步组织相关技术人员开展藻类鉴定和图谱的拍摄工作，获得了大量藻类原色图片，进一步筛选、编辑和分类，并根据采集过程中获得的水体理化数据，进一步分析了影响水体中浮游藻类种类和多样性的因素，最终编撰了《河南养殖池塘常见藻类原色图集》。本书为养殖池塘中藻类鉴定监测、水质评价和藻相调控提供了珍贵的基础资料，也为水产养殖从业人员提供了有价值的养殖池塘的水质管理参考资料。

　　本书分为上、下两篇。上篇分类篇，主要介绍在本次监测调查中拍摄到的浮游藻类，这些浮游藻类涵盖了蓝藻门、硅藻门、隐藻门、甲藻门、裸藻门和绿藻门。下篇生态篇，全面介绍了藻相调控的重要性，系统分析了藻类调查过程中影响浮游藻类多样性的关键因素、不同养殖对象池塘中藻相的基本特征和蓝藻在养殖池塘的分布特征。本书总共记录了6门102属283种（变种）藻类，其中可能存在新属1个，新种6种，中国新记录种6种。新种和中国新记录种基本聚集在硅藻门和裸藻门中，这也显示出养殖池塘藻类独有的分布特色。

本书上篇的第二到第五章，以及下篇的第八章、第九章的撰写主要由张曼完成，约12万字。上篇的第一章和第六章主要由董静完成，约12万字。下篇的第七章、第十章和第十一章主要由高云霓完成，约8万字。

本书汇集了800多幅精美的藻类原色照片，每一张照片都饱含着野外采样工作者辛勤的汗水、照片拍摄者不厌其烦对焦调色的尝试，以及实验室鉴定人员竭尽全力的特征比对和海量数据分析工作中的深度挖掘。在此，感谢编委会成员们在编撰此书时的艰辛付出！

编　者
2021年6月10日

目 录

序
前言

上篇 分 类 篇

1 蓝藻门 Cyanophyta ·············· 3

色球藻纲 Chroococcophyceae / 6

　色球藻目 Chroococcales / 6

　　平裂藻科 Merismopediaceae / 6

　　　平裂藻属 Merismopedia / 6

　　　束球藻属 Gomphosphaeria / 7

　　　隐球藻属 Aphanocapsa / 8

　　　乌龙藻属 Woronichinia / 8

　　微囊藻科 Microcystaceae / 9

　　　微囊藻属 Microcystis / 9

　　色球藻科 Chroococcaceae / 12

　　　色球藻属 Chroococcus / 12

　　聚球藻科 Synechococcaceae / 13

　　　隐杆藻属 Aphanothece / 13

藻殖段纲 Hormogonophyceae / 14

　胶须藻目 Rivulariales / 14

　　胶须藻科 Rivulariaceae / 14

　　　尖头藻属 Raphidiopsis / 14

颤藻目 Oscillatoriales / 15

　颤藻科 Oscillatoriaceae / 15

　　螺旋藻属 Spirulina / 15

伪鱼腥藻科 Pseudanabaenaceae / 16

　浮鞘丝藻属 Planktonlyngbya / 16

　假鱼腥藻属 Pseudanabaena / 16

席藻科 Phormidiaceae / 17

　拟浮丝藻属 Planktothricoides / 17

　浮丝藻属 Planktothrix / 18

念珠藻目 Nostocales / 20

　念珠藻科 Nostocaceae / 20

　　束丝藻属 Aphanizomenon / 20

　　长孢藻属 Dolichospermum / 20

　　金孢藻属 Chrysosporum / 21

　　项圈藻属 Anabaenopsis / 22

　　拟柱孢藻属 Cylindrospermopsis / 22

2 硅藻门　　Bacillariophyta ·· 23

中心纲 Centricae / 27

　圆筛藻目 Coscinodiscales / 27

　　圆筛藻科 Coscinodiscaceae / 27

　　　直链藻属 Melosira / 27

　　　沟链藻属 Aulacoseira / 27

　　圆筛藻科 Coscinodiscaceae / 30

　　　小环藻属 Cyclotella / 30

　　　冠盘藻属 Stephanodiscus / 31

　　　海链藻属 Thalassiosira / 33

羽纹纲 Pennatae / 34

　无壳缝目 Araphidinales / 34

　　十字脆杆藻科 Staurosiraceae / 34

　　　假十字脆杆藻属 Pseudostaurosira / 34

　单壳缝目 Monoraphidinales / 36

　　曲壳藻科 Achnanthaceae / 36

　　　曲丝藻属 Achnanthidium / 36

　　　浮萍藻属 Lemnicola / 36

　双壳缝目 Biraphidinales / 38

　　舟形藻科 Naviculaceae / 38

　　　舟形藻属 Navicula / 38

　　　麦尔藻属（马雅美藻属）Mayamaea / 40

　　　布纹藻属 Gyrosigma / 40

　　　羽纹藻属 Pinnularia / 41

　　　鞍型藻属 Sellaphora / 42

　　　塘生藻属 Eolimna / 43

　　　新属 / 44

　　桥弯藻科 Cymbellaceae / 45

　　　桥弯藻属 Cymbella / 45

　　　内丝藻属 Encyonema / 45

　　　拟内丝藻属 Encyonopsis / 47

　　　双眉藻属 Amphora / 48

　　异极藻科 Gomphonemaceae / 50

　　　异极藻属 Gomphonema / 50

　管壳缝目 Aulonoraphidinales / 52

　　菱形藻科 Nitzschiaceae / 52

　　　菱形藻属 Nitzschia / 52

　　　盘杆藻属 Tryblionella / 55

　　双菱藻科 Surirellaceae / 57

　　　双菱藻属 Surirella / 57

3 隐藻门　　Cryptophyta ·· 58

隐藻纲 Cryptophyceae / 60

　隐藻目 Cryptomonadales / 60

　　隐鞭藻科 Cryptomonadaceae / 60

　　　隐藻属 Cryptomonas / 60

4 甲藻门　　Dinophyta ·· 62

甲藻纲 Dinophyceae / 64

　多甲藻目 Peridiniales / 64

　　裸甲藻科 Gymnodiniaceae / 64

　　　薄甲藻属 Glenodinium / 64

　　多甲藻科 Peridiniaceae / 65

　　　拟多甲藻属 Peridiniopsis / 65

　　角甲藻科 Ceratiaceae / 66

　　　角甲藻属 Ceratium / 66

5　裸藻门　Euglenophyta ······ 67

裸藻纲 Euglenophyceae ／ 70

　裸藻目 Euglenales ／ 70

　　袋鞭藻科 Peranemaceae ／ 70

　　　袋鞭藻属 Peranema ／ 70

　　　异丝藻属 Heteronema ／ 71

　　裸藻科 Euglenaceae ／ 72

裸藻属 Euglena ／ 72

囊裸藻属 Trachelomonas ／ 83

扁裸藻属 Phacus ／ 87

鳞孔藻属 Lepocinclis ／ 93

陀螺藻属 Strombomonas ／ 94

6　绿藻门　Chlorophyta ······ 96

绿藻纲 Chlorophyceae ／ 100

　团藻目 Volvocales ／ 100

　　多毛藻科 Polyblepharidaceae ／ 100

　　　塔胞藻属 Pyramidomonas ／ 100

　　衣藻科 Chlamydomonadaceae ／ 101

　　　衣藻属 Chlamydomonas ／ 101

　　　四鞭藻属 Carteria ／ 103

　　　绿梭藻属 Chlorogonium ／ 103

　　　冰藻属 Microglena ／ 104

　　　叶衣藻属 Lobochlamys ／ 105

　　　拟配藻属 Spermatozopsis ／ 105

　　　Komarekia 属 ／ 105

　　壳衣藻科 Phacotaceae ／ 107

　　　翼膜藻属 Pteromonas ／ 107

　　团藻科 Volvocaceae ／ 109

　　　实球藻属 Pandorina ／ 109

　　　空球藻属 Eudorina ／ 110

　绿球藻目 Chlorococcales ／ 111

　　绿球藻科 Chlorococcaceae ／ 111

　　　绿球藻属 Chlorococcum ／ 111

　　　微芒藻属 Micractinium ／ 111

　　　拟多芒藻属 Golenkiniopsis ／ 113

　　　多芒藻属 Golenkinia ／ 114

双细胞藻属 Dicellula ／ 115

双囊藻属 Didymocystis ／ 115

小桩藻科 Characiaceae ／ 116

　弓形藻属 Schroederia ／ 116

小球藻科 Chlorellaceae ／ 118

　小球藻属 Chlorella ／ 118

　顶棘藻属 Lagerheimiella ／ 118

　四角藻属 Tetraedron ／ 119

　多突藻属 Polyedriopsis ／ 122

　月牙藻属 Selenastrum ／ 123

　纤维藻属 Ankistrodesmus ／ 124

　Chlorotetraedron 属 ／ 126

　假十字趾藻属 Pseudostaurastrum ／ 126

　蹄形藻属 Kirchneriella ／ 127

　尖胞藻属 Raphidocelis ／ 129

　纺锤藻属 Elakatothrix ／ 129

　透明针形藻属 Hyaloraphidium ／ 130

　单针藻属 Monoraphidium ／ 131

　假并联藻属 Pseudoquadrigula ／ 133

卵囊藻科 Oocystaceae ／ 134

　卵囊藻属 Oocystis ／ 134

网球藻科 Dictyosphaeraceae ／ 136

　网球藻属 Dictyosphaerium ／ 136

四棘藻科 Treubariaceae / 138

　四棘藻属 Treubaria / 138

水网藻科 Hydrodictyaceae / 139

　盘星藻属 Pediastrum / 139

空星藻科 Coelastraceae / 145

　空星藻属 Coelastrum / 145

　集星藻属 Actinastrum / 146

栅藻科 Scenedsmaceae / 149

　四星藻属 Tetrastrum / 149

　假四星藻属 Pseudotetrastrum / 149

　十字藻属 Crucigenia / 150

　拟韦斯藻属 Westellopsis / 153

韦氏藻属 Westella / 153

栅藻属 Scenedesmus / 154

Willea 属 / 159

双月藻属 Dicloster / 160

接合藻纲 Conjugatophyceae / 161

　鼓藻目 Desmidiales / 161

　　鼓藻科 Desmidiaceae / 161

　　新月藻属 Closterium / 161

　　角星鼓藻属 Staurastrum / 162

　　鼓藻属 Cosmarium / 163

　　凹顶鼓藻属 Euastrum / 164

下篇　生　态　篇

7　概述 167

　7.1　池塘养殖在水产养殖业中的重要地位 167

　7.2　健康藻相对池塘养殖的重要性 167

　7.3　池塘养殖面临的藻相问题 169

8　河南省养殖池塘浮游藻类多样性特征 171

　8.1　养殖场分布和主要种类情况 171

　8.2　浮游藻类多样性 178

　8.3　浮游藻类多样性决定因素分析 180

9　河南养殖池塘养殖品种与浮游藻类种类组成的关系 182

　9.1　养殖池塘中的浮游藻类的种类组成 182

　9.2　草鱼塘的浮游藻类 187

　9.3　鲤塘的浮游藻类 188

　9.4　鲈塘的浮游藻类 189

　9.5　小龙虾塘的浮游藻类 190

　9.6　斑点叉尾鮰塘的浮游藻类 192

10 河南省养殖池塘蓝藻分布与水环境特征 ⋯⋯⋯⋯⋯⋯⋯⋯⋯⋯⋯⋯⋯ 194

10.1 河南省养殖池塘蓝藻名录 ⋯⋯⋯⋯⋯⋯ 194

10.2 养殖池塘蓝藻分布特征 ⋯⋯⋯⋯⋯⋯ 197

10.3 养殖池塘水环境特征 ⋯⋯⋯⋯⋯⋯ 199

10.4 池塘蓝藻分布的影响因素 ⋯⋯⋯⋯⋯⋯ 207

11 总结与展望 ⋯⋯⋯⋯⋯⋯⋯⋯⋯⋯⋯⋯⋯ 214

11.1 养殖池塘健康藻相构建技术 ⋯⋯⋯⋯⋯⋯ 215

11.2 养殖池塘有害蓝藻控制技术 ⋯⋯⋯⋯⋯⋯ 216

11.3 藻相调控技术发展趋势 ⋯⋯⋯⋯⋯⋯ 216

参考文献 ⋯⋯⋯⋯⋯⋯⋯⋯⋯⋯⋯⋯⋯⋯⋯ 218

上 篇

分 类 篇

FENLEIPIAN

河南养殖池塘常见藻类原色图集

1 蓝藻门
Cyanophyta

蓝藻门简介：

养殖池塘蓝藻大量繁殖导致的水华现象对养殖业危害巨大，不仅使水体生物多样性降低，而且很多蓝藻种类能分泌毒素，对水生生物也会造成直接危害，且这些毒素有可能通过食物链富集从而危害人类健康。蓝藻种类繁多而且依据形态鉴定相对复杂，目前关于养殖池塘藻类鉴定的资料较少，不利于养殖水体藻类监测与评价。

蓝藻为单细胞、丝状或非丝状的群体。非丝状群体有板状、中空球状、立方形等各种形状，但大多数为不定型群体，群体常具一定形态和不同颜色的胶被。丝状群体由相连的一系列细胞——藻丝组成，藻丝具胶鞘或不具胶鞘，藻丝及胶鞘合称"丝状体"，每条丝状体中具1条或数条藻丝。藻丝直径一致或一端、两端明显尖细，藻丝具真分枝或假分枝，假分枝由藻丝的一端穿出胶鞘延伸生长而形成。

蓝藻细胞无色素体、细胞核等细胞器，原生质分为外部色素区和内部无色中央区。色素区含有的色素除叶绿素a、胡萝卜素及两种特殊的叶黄素外，还含有大量藻胆素（藻蓝素及藻红素）。同化产物以蓝藻淀粉为主，还含有藻青素颗粒。无色中央区仅含有相当于细胞核的物质，无核膜及核仁，此区被称为"中央体"。

蓝藻的生殖方式，一般为细胞分裂。丝状种类往往由藻丝断裂成为若干段殖体，每条段殖体再长成新植物体；有些种类形成各种类型的孢子进行繁殖，无具鞭毛的生殖细胞，也无有性生殖。

蓝藻多喜生长于含氮量较高、有机质较丰富的碱性水体中。在淡水池塘、养鱼场所及湖泊中，蓝藻引起的危害极大，有些种类，例如铜绿微囊藻、水华鱼腥藻、水华束丝藻等，在水体中大量繁殖而形成一层密集的絮状物，称之为水华，会使得水体溶氧量降低，且会分泌毒素，危害水生生物生存，甚至影响人类健康。

本章总共记录了蓝藻门4目9科18属47种的藻类。

本章的鉴定工作主要依据胡鸿钧先生编撰的《中国淡水藻类——系统、分类及生态》，此外还参考了胡鸿钧先生编撰的《水华蓝藻生物学》《中国淡水藻志——第二卷和第九卷》及一些国内外公开发表的重要参考文献。本章的撰写得到了温州大学李仁辉教授、中国科学院水生生物研究所虞功亮研究员、河南师范大学刘洋副教授的关心和指导，对于他们的付出表示崇高的敬意和衷心的感谢！

蓝藻门（Cyanophyta）

分纲检索表

1. 藻植体为单细胞或集合少数以至多数细胞所组成的胶团群体，伪丝状种类极少见。以细胞分裂，内生孢子或外生孢子繁殖 ………………………………… 色球藻纲（Chroococcophyceae）
2. 藻植体为多细胞丝状体，固着于基质上或游离漂浮。丝体单一或具分枝；每一胶鞘中含有1至多条藻丝。有或无异形胞，以藻殖段、孢子或厚壁孢子生殖 …………………………………… …………………………………………………………………… 藻殖段纲（Hormogonophyceae）

色球藻纲（Chroococcophyceae）

色球藻目（Chroococcales）

平裂藻科（Merismopediaceae）

平裂藻属（*Merismopedia*）

束球藻属（*Gomphosphaeria*）

隐球藻属（*Aphanocapsa*）

乌龙藻属（*Woronichinia*）

微囊藻科（Microcystaceae）

微囊藻属（*Microcystis*）

色球藻科（Chroococcaceae）

色球藻属（*Chroococcus*）

聚球藻科（Synechococcaceae）

隐杆藻属（*Aphanothece*）

藻殖段纲（Hormogonophyceae）

胶须藻目（Rivulariales）

　胶须藻科（Rivulariaceae）

　　尖头藻属（*Raphidiopsis*）

颤藻目（Oscillatoriales）

　颤藻科（Oscillatoriaceae）

　　螺旋藻属（*Spirulina*）

　伪鱼腥藻科（Pseudanabaenaceae）

　　浮鞘丝藻属（*Planktonlyngbya*）

　　假鱼腥藻属（*Pseudanabaena*）

　席藻科（Phormidiaceae）

　　拟浮丝藻属（*Planktothricoides*）

　　浮丝藻属（*Planktothrix*）

念珠藻目（Nostocales）

　念珠藻科（Nostocaceae）

　　束丝藻属（*Aphanizomenon*）

　　长孢藻属（*Dolichospermum*）

　　金孢藻属（*Chrysosporum*）

　　项圈藻属（*Anabaenopsisi*）

　　拟柱孢藻属（*Cylindrospermum*）

色球藻纲Chroococcophyceae

色球藻目Chroococcales

平裂藻科Merismopediaceae

平裂藻属 *Merismopedia*

▶**分类依据：**植物体为一层细胞的平板状群体，细胞有规则排列，常每2个细胞两两成双，2对成一组，4组成一小群，许多小群集合成平板状植物体。群体胶被无色、透明而柔软。个体胶被明显（图1-1至图1-9）。

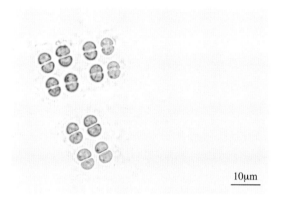

图1-1　平裂藻 *Merismopedia* sp.

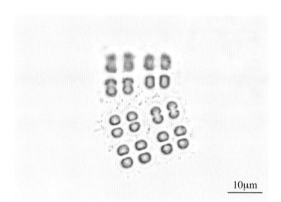

图1-2　平裂藻 *Merismopedia* sp.

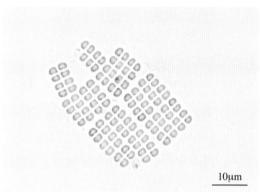

图1-3　平裂藻 *Merismopedia* sp.

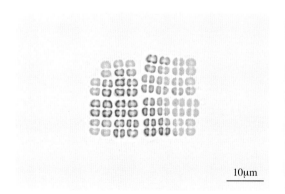

图1-4　平裂藻 *Merismopedia* sp.

图1-5　平裂藻 *Merismopedia* sp.

10μm

图1-6　平裂藻 *Merismopedia* sp.

10μm

图1-7　平裂藻 *Merismopedia* sp.

10μm

图1-8　平裂藻 *Merismopedia* sp.

10μm

图1-9　平裂藻 *Merismopedia* sp.

束球藻属 *Gomphosphaeria*

▶**分类依据：**植物体为球形、卵形或椭圆形的微小群体。群体胶被薄，透明，无色，均匀，不分层。群体细胞2个或4个为一组，每个细胞均和一条柔软或较牢固的胶柄相连，每组细胞柄又互相连接，胶柄多次相连至群体中心，组成一个由中心出发的放射状的几次双分叉分枝的胶柄系统。单细胞卵形、梨形，少数球形（图1-10）。

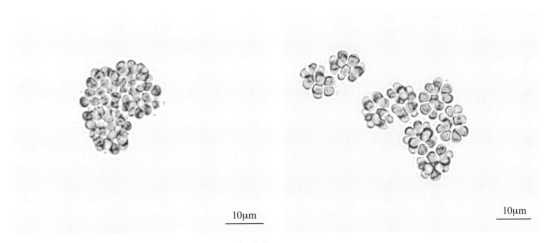

10μm

10μm

图1-10　束球藻 *Gomphosphaeria* sp.

隐球藻属 *Aphanocapsa*

▶**分类依据：**植物体由两至多个细胞组成球形、卵形、椭圆形或不定型的胶状群体，直径可达几厘米。群体胶被厚而柔软，无色、黄色、褐色或蓝绿色。细胞球形，个体胶被不明显或仅有痕迹。细胞2或4个成一组，每组之间具一定距离。细胞内含物均匀，呈浅蓝色、亮蓝绿色或灰蓝色（图1-11和图1-12）。

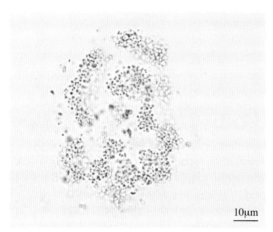

图1-11　隐球藻 *Aphanocapsa* sp.　　　　　图1-12　隐球藻 *Aphanocapsa* sp.

乌龙藻属 *Woronichinia*

▶**分类依据：**自由漂浮，藻群体略为球形、肾形或椭圆形，通常由2～4个亚群体组成肾形或心形复合体。群体具无色、较透明的胶被，胶被离细胞群体边缘较窄，5～10μm，群体中央具辐射状或平行的分枝状胶质柄，细胞胶质柄常常向外延伸形成类似管道状物，也使得胶被变厚，形成透明的放射层。细胞为长卵形、宽卵形或椭圆形，罕见圆球形。细胞分裂后彼此分离，呈辐射排列在群体周边，但在老群体中细胞排列较为密集。细胞在群体周边互相垂直的两个面连续分裂，以群体解聚或群体中释放单个细胞进行繁殖（虞功亮 等，2011）（图1-13）。

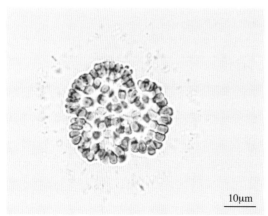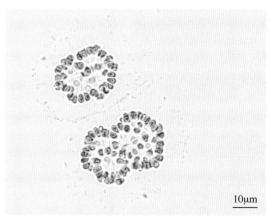

图1-13　纳氏乌龙藻 *Woronichinia nägelianum*

色球藻纲 Chroococcophyceae

色球藻目 Chroococcales

微囊藻科 Microcystaceae

微囊藻属 *Microcystis*

▶ **分类依据：** 植物体为多细胞群体，自由漂浮或附着于他物上。群体球形、类椭圆形，或不规则相重叠，或为网状。群体胶被均质无色，往往呈分散的黏质状。细胞球形或长圆形，排列紧密，有时互相挤压而出现棱角，无个体胶被。细胞呈浅蓝色、亮蓝色、橄榄绿色，常有颗粒或伪空泡。

▶ **代表种类：**

（1）铜绿微囊藻 *Microcystis aeruginosa*

▶ **形态学特征：** 幼植物体为球形或长圆形的实心群体，后长成为网络状的中空囊状体，随后，由于不断扩展，囊体破裂而形成网状胶群体。群体胶被透明无色。细胞球形或近球形，直径3～7μm。蓝绿色，一般具伪空泡（图1-14）。

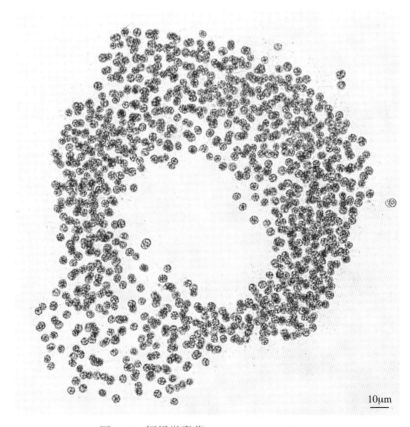

10μm

图1-14　铜绿微囊藻 *Microcystis aeruginosa*

（2）惠氏微囊藻*Microcystis wesenbergii*

▶**形态学特征：**自由漂浮，群体形态变化最多，有球形、椭圆形、卵形、肾形、圆筒形、叶瓣状和不规则形，常通过胶被串联成树枝状或网状，集合成更大的群体，肉眼可见。群体胶被明显，边界明确，无色透明，坚固不易溶解，分层且有明显折光。胶被离细胞边缘远，距离5～10μm以上。群体内单细胞散布排列，但有时细胞排列很整齐、有规律，有时也充满整个胶被。细胞较大，球形或近球形，直径4.5～8.1μm，平均为6.4μm。细胞原生质体深蓝绿色或深褐色，有气囊（虞功亮 等，2007）（图1-15）。

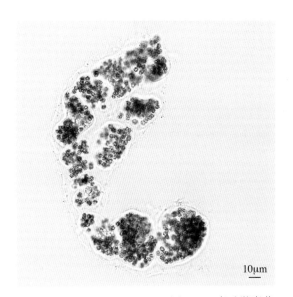
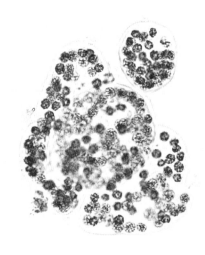

图1-15　惠氏微囊藻*Microcystis wesenbergii*

（3）假丝微囊藻*Microcystis pseudofilamentosa*

▶**形态学特征：**自由漂浮，群体窄长，带状。藻体每一段有一个收缢和一个相对膨大的部分，膨大处的细胞较收缢处相对密集，收缢和膨大使整个藻体形成类似分解的串联体。藻体通常由2～20个以上这样的亚群体组成。当串联到一定长度和规模，藻体局部常扩大或断裂成网状或树枝状。群体一般宽17～35μm，长可达1 000μm，群体胶被无色透明、不明显、易溶解、无折光。细胞充满胶被，随机密集排列，细胞较大，球形，直径3.7～5.9μm，平均4.8（0.52）μm[*]。细胞原生质体蓝绿色或茶青色，有气囊（图1-16）。

　＊　括号内为极少数情况下的数据，括号外为正常情况下的数据。

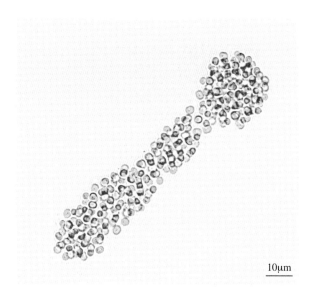

10μm

图1-16　假丝微囊藻 *Microcystis pseudofilamentosa*

（4）鱼害微囊藻 *Microcystis ichthyoblabe*

▶ **形态学特征：**群体薄，常易在水表形成膜质，内含多数小群体，蓝绿色。小群体球形、卵形或不规则形。群体胶被黏质，大群体胶被明显，小群体胶被常与大群体胶被融合。细胞球形，直径2～3μm，细胞在小群体中排列密集。原生质体蓝绿色，有伪空泡（图1-17）。

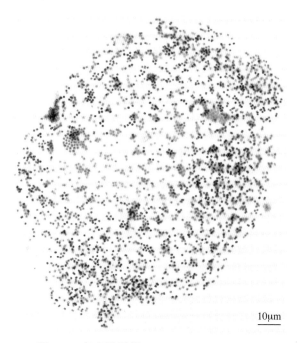

10μm

图1-17　鱼害微囊藻 *Microcystis ichthyoblabe*

色球藻纲Chroococcophyceae

色球藻目Chroococcales

色球藻科 Chroococcaceae

色球藻属 Chroococcus

▶ **分类依据：**植物体少数为单细胞，多数为2、4、6甚至更多（很少超过64或128个）细胞组成的群体。群体胶被较厚，均匀或分层，透明或黄褐色。细胞球形、半球形或卵形，个体胶被均匀或分层（图1-18至图1-22）。

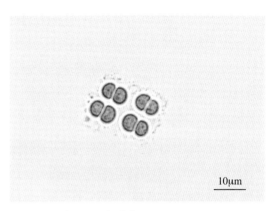

图1-18 色球藻 *Chroococcus* sp.

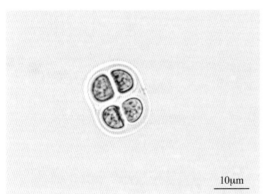

图1-19 色球藻 *Chroococcus* sp.

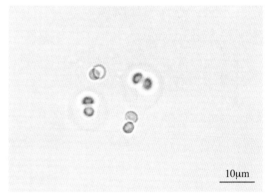

图1-20 色球藻 *Chroococcus* sp.

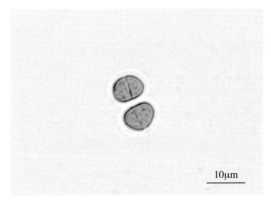

图1-21 色球藻 *Chroococcus* sp.

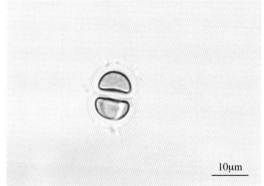

图1-22 色球藻 *Chroococcus* sp.

色球藻纲Chroococcophyceae

色球藻目Chroococcales

聚球藻科Synechococcaceae

隐杆藻属*Aphanothece*

▶**分类依据**：植物体为少数或多数细胞聚集成不定型胶质块状的群体。群体胶被均匀，透明，边缘黄色或褐色。细胞棒状，椭圆形或圆柱形，直或略弯曲。个体胶被彼此融合，有时分层。大多数种类内含物无颗粒，浅蓝绿色或鲜蓝绿色（图1-23）。

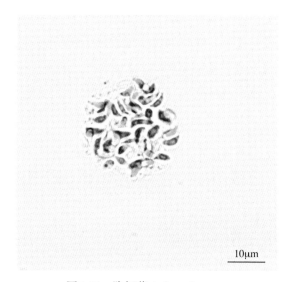

10μm

图1-23　隐杆藻 *Aphanothece* sp.

藻殖段纲Hormogonophyceae

胶须藻目Rivulariales

胶须藻科Rivulariaceae

尖头藻属Raphidiopsis

▶**分类依据：**藻丝短，弯曲程度不一，无鞘，一端渐细或两端渐细，尖端具黏质或固体胶质刺毛，无异形胞，有时具厚壁孢子。厚壁孢子单生或成对，居间位。

▶**代表种类：**

（1）中华尖头藻*Raphidiopsis sinensis*

▶**形态学特征：**藻丝自由漂浮，短，常由5～8个细胞组成，有规则螺旋弯曲，细胞宽1.3～1.8μm，长为宽的5～7倍，顶端细胞锐尖，弯曲或反曲，长达15μm，横壁不缢入。孢子圆柱形或椭圆形，两端圆，略弯曲，无色，宽2.7～3.6μm，长6.2～9μm，原生质体浅蓝绿色（图1-24）。

▶**生境特征：**鱼池、湖泊、水库、池塘，浮游生活。

（2）尖头藻*Raphidiopsis* sp.

藻丝自由漂浮，规则弯曲，单细胞宽2.5～5μm，长为宽的2～3倍，一边顶端细胞锐尖，一边顶端细胞钝圆，横壁不收缢（图1-25）。

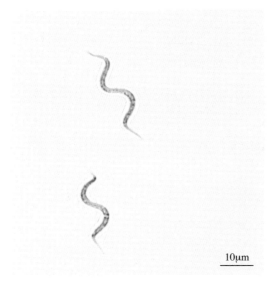

图1-24　中华尖头藻*Raphidiopsis sinensis*

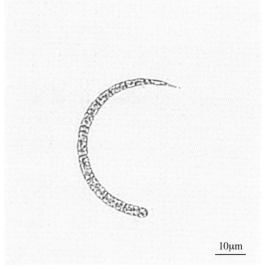

图1-25　尖头藻*Raphidiopsis* sp.

藻殖段纲 Hormogonophyceae

颤藻目 Oscillatoriales

颤藻科 Oscillatoriaceae

螺旋藻属 *Spirulina* Turpin

▶**分类依据**：藻丝粗细一致，两端不尖细，顶部多宽圆，无顶冠，丝外无胶鞘，有规则地螺旋状弯曲。藻丝内不能清晰见到是否有横壁，或是并不存在横壁而全体为一个细胞（图1-26至图1-29）。

▶**生境特征**：池塘、鱼池、湖泊。

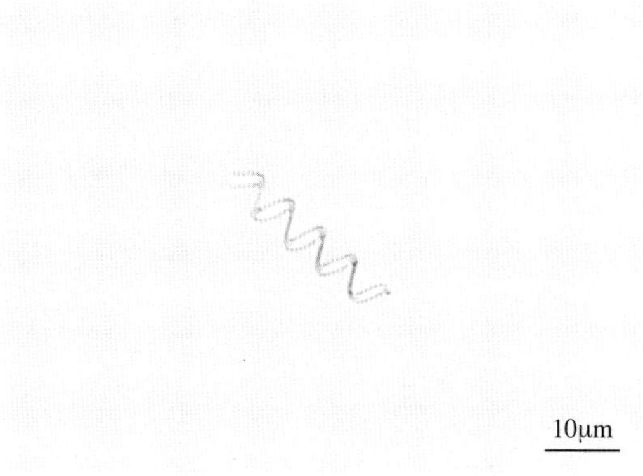

10μm

图1-26　螺旋藻 *Spirulina* sp.

10μm

10μm

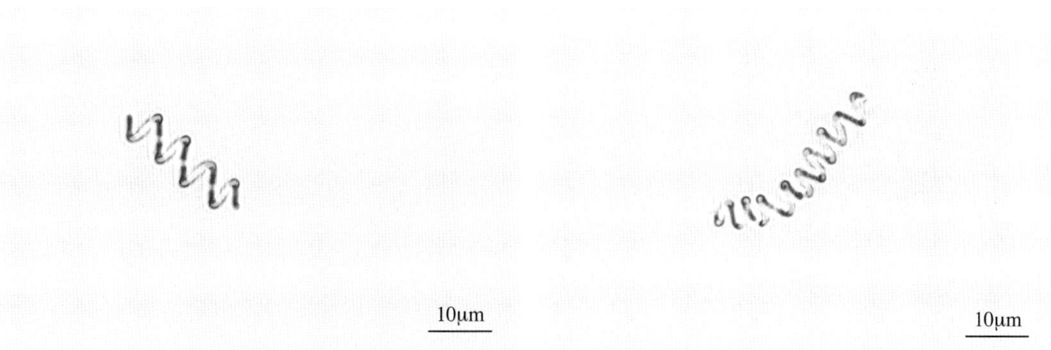

图1-27　螺旋藻 *Spirulina* sp.

10μm

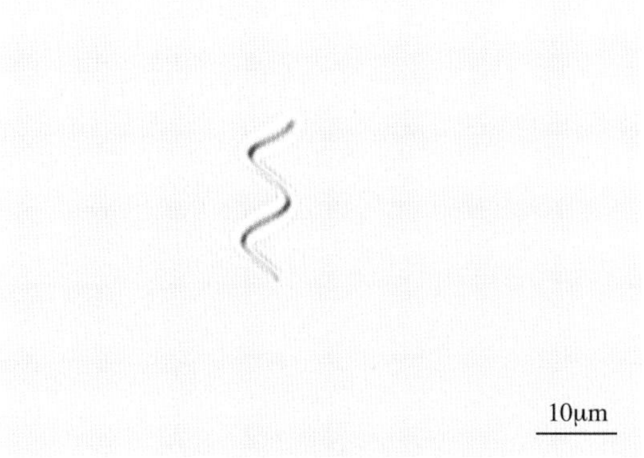

图1-28　螺旋藻 *Spirulina* sp.

10μm

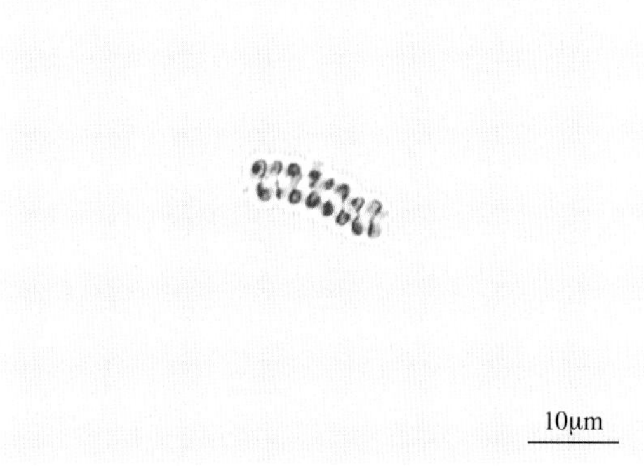

图1-29　螺旋藻 *Spirulina* sp.

藻殖段纲Hormogonophyceae

颤藻目Oscillatoriales

伪鱼腥藻科Pseudanabaenaceae

浮鞘丝藻属Planktonlyngbya

▶**分类依据**：藻丝单生，直或略弯曲，柔软，不能动，具薄的鞘，无色，不具气囊；不渐细，也不具帽状结构，细胞圆柱形，宽可达3μm（图1-30）。

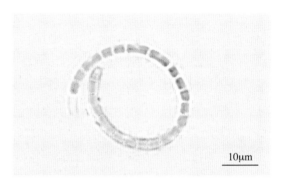

10μm

图1-30　浮鞘丝藻 *Planktonlyngbya* sp.

假鱼腥藻属Pseudanabaena

▶**分类依据**：藻丝单生，自由漂浮或形成薄的垫状固着物，通常直出或弓形，少为波状，由很少的几个圆柱形的或长或短的细胞组成，细胞横壁常明显收缢，藻丝无薄而硬的鞘，但常具宽的、稀的、水溶性的胶被，顶端细胞无分化。细胞常为两端钝圆的圆柱形，有时几乎呈桶形，长大于宽，罕见方形，具或不具顶端位气囊。

▶**代表种类**：

（1）湖生假鱼腥藻*Pseudanabaena limnetica*

▶**形态特征**：藻丝游离漂浮，藻丝蓝绿色，多细胞，收缢不明显，末端无特殊结构，无气囊，无胶被，细胞均质，长椭圆形，细胞长1.7 ~ 12.0μm，宽0.8 ~ 3.0μm，长宽比为1.1 ~ 6.9，无运动特性（图1-31）。

10μm

图1-31　湖生假鱼腥藻 *Pseudanabaena limnetica*

（2）极小假鱼腥藻*Pseudanabaena minima*

▶**形态特征**：藻丝游离漂浮，蓝绿色或淡蓝绿色，多细胞，收缢明显，末端宽圆形，无特殊结构，无胶被，细胞均质，具顶位气囊，细胞长1.5 ~ 6.0μm，宽1.3 ~ 3.6μm，长宽比为1.0 ~ 2.2，无运动特殊性（图1-32）。

10μm

图1-32　极小假鱼腥藻 *Pseudanabaena minima*

藻殖段纲Hormogonophyceae

颤藻目Oscillatoriales

席藻科Phormidiaceae

拟浮丝藻属Planktothricoides

▶**分类依据**：藻丝单生，自由漂浮，一般直出，末端渐细，藻丝近顶端略弯，末端狭窄不具帽状体，横壁略收缢或不收缢，宽（3.5）6～11μm，偶尔具很薄的、无色的鞘，许多小的气囊分散在细胞周边，气囊易破裂。个体比浮丝藻的个体大（图1-33至图1-38）。

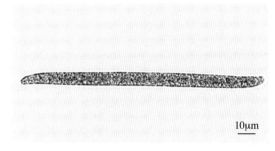

图1-33　拟浮丝藻*Planktothricoides* sp.

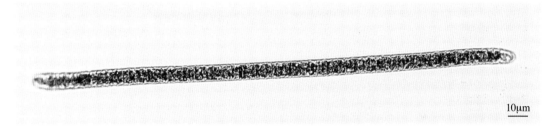

图1-34　拟浮丝藻*Planktothricoides* sp.

图1-35　拟浮丝藻*Planktothricoides* sp.

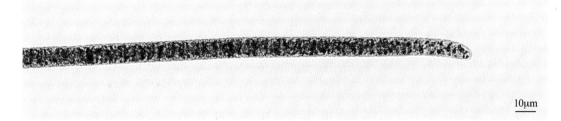

图1-36　拟浮丝藻*Planktothricoides* sp.

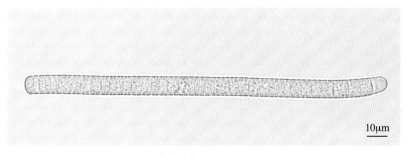

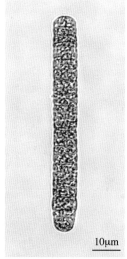

图 1-37　拟浮丝藻 *Planktothricoides* sp.

图 1-38　拟浮丝藻 *Planktothricoides* sp.

浮丝藻属 *Planktothrix*

▶**分类依据**：植物体单生，直或略弯曲，除在不正常条件生长外，无坚硬的鞘，藻丝从中部到顶端渐尖细，常具帽状结构或头状结构，不能运动或不明显运动，宽 3.5 ～ 10μm，细胞圆柱形，罕见方形，气囊充满细胞。

▶**代表种类：**

（1）阿氏浮丝藻 *Planktothrix agardhii*

▶**形态特征**：藻丝为单生，自由漂浮，长可达300μm，直出或有些弯，有时连成蓝绿色或橄榄绿色的微小的、疏松的簇，偶尔形成底栖的膜状覆盖物，无鞘或非常罕见，特别是幼年时期，具薄的鞘，藻丝宽（2.3）4 ～ 6（9.8）μm，横壁处具颗粒，不收缢或很微弱收缢，顶端渐尖细；细胞长常比宽小或为方形；细胞内含物蓝绿色，具多数气囊，无藻红素，顶端细胞凸状，有时为钝圆锥形或有点尖，有时具凸的帽状，罕见帽状结构（图1-39）。

图 1-39　阿氏浮丝藻 *Planktothrix agardhii*

▶**生境特征**：淡水、湖泊、池塘漂浮，常形成水华，在温带地区分布很广。

（2）螺旋浮丝藻 *Planktothrix spiroides*

▶**形态特征**：藻丝通常为蓝绿色或橄榄绿色，罕见淡蓝绿色，单生或有时连成细小的自由漂浮颗粒，形成水华时常聚合成不规则的簇；藻丝末端略渐细或不渐细，有规则线圈盘绕或不规则螺旋状缠绕；长3.7～6.4μm（平均为4.6±0.6μm），螺旋宽26～47μm（平均36±5μm），高30～43μm（平均为36±2μm），无鞘也无胶质胶被，无伪分枝。细胞圆柱形，常长比宽小，气囊不规则地分布在整个细胞中，以藻丝裂解形成藻殖段进行繁殖（图1-40）。

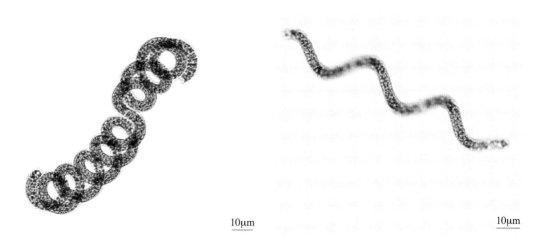

10μm 10μm

图1-40　螺旋浮丝藻 *Planktothrix spiroides*

藻殖段纲 Hormogonophyceae

念珠藻目 Nostocales

念珠藻科 Nostocaceae

束丝藻属 *Aphanizomenon* Morren

▶**分类依据**：藻丝多数直，少数略弯曲，常多数集合成束状群体，无鞘，顶端尖细。异形胞间生，孢子远离异形胞（图1-41）。

▶**生境特征**：生长在湖泊、池塘、河流等中。

10μm

图1-41　束丝藻 *Aphanizomenon* sp.

长孢藻属 *Dolichospermum*

▶**分类依据**：藻丝等极，分节（异形胞位置的分布），细胞横壁具收缢，无硬的鞘，有时具薄的、水溶性的胶质包被，藻丝的生长在理论上是无限的，顶端细胞形态学上与营养细胞相同，生长时期的细胞都具气囊群，遍布于整个细胞，异形胞间位，单个（例外成双的），由营养细胞在分节的位置分化形成；厚壁孢子单生到5或6个一列，它们向异形胞方向连续发育形成，常由2个至几个相邻营养细胞融合后形成，成熟的厚壁孢子常比营养细胞大3倍或更多倍，所有种类营养时期都是漂浮的，不在基质上形成着生的垫状，藻丝单生或形成小的丛簇。

▶**代表种类**：

（1）水华长孢藻 *Dolichospermum flos-aquae*

▶**形态特征**：藻丝单生或多数交织成胶质团块，藻丝扭曲或不规则螺旋形弯曲，无鞘，营养细胞圆球形，具气囊，直径（2.5）4 ~ 7（8.3）μm。异形胞略呈卵形，宽5 ~ 6μm。厚壁孢子卵形到圆柱形，单生，罕见2个成对的，远离异形胞，宽（5）7 ~ 12.7（14）μm，长（12）15 ~ 24（35）μm，有毒种类（图1-42）。

▶**生境**：富营养化水库，湖泊，形成水华，除近极地地区外广泛分布。

（2）浮游长孢藻 *Dolichospermum planctonicum*

▶**形态特征**：藻丝呈直线形，单生，自由漂浮状态，部分藻丝略弯，具有较厚的胶鞘。营养细胞具有气囊，呈圆或扁圆形，直径为 7.04 ~ 11.24μm。异形胞单个间生，呈圆形，直径为8.72 ~ 11.24μm。厚壁孢子为椭圆形，多数藻丝单个间生，部分藻丝含多个，长为14.93 ~ 24.97μm，宽为8.54 ~ 13.71μm（图1-43）。

（3）紧密长孢藻 *Dolichospermum compacta*

▶**形态特征**：营养细胞圆球形或略长形，宽3 ~ 6μm，长2.5 ~ 7.5μm，长与宽之比0.5 ~ 2.5；异形胞圆球形或略长形；厚壁孢子长椭圆形，远离异形胞，宽6.3 ~ 8μm，长

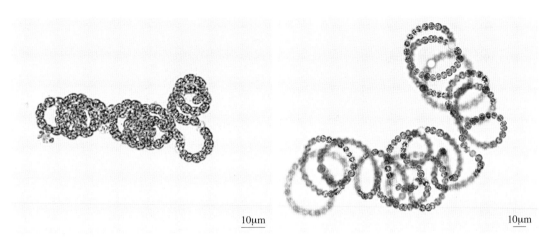

10μm   10μm

图1-42　水华长孢藻 *Dolichospermum flos-aquae*

10μm   10μm

图1-43　浮游长孢藻 *Dolichospermum planctonicum*

10 ~ 26.3μm，长与宽之比1.33 ~ 3.51。藻
丝规则地卷曲，螺旋宽（10）15 ~ 30μm，
螺间距2 ~ 10μm（图1-44）。

金孢藻属 *Chrysosporum*

▶**分类依据**：藻丝单根，不聚集成群
体或束状，藻丝从中部至末端渐窄，末端
细胞不延长或微弱延长，具有黄褐色的厚
壁孢子。

▶**代表种类：**

（1）卵孢金孢藻 *Chrysosporum ovalisporum*

▶**形态特征**：藻丝直、单生，呈棕黄
色或淡黄褐色，从中部至末端渐窄，细胞
横壁收缢明显，末端细胞比中部细胞窄，并延长，内含物少。呈透明状。厚壁孢子金黄

10μm

图1-44　紧密长孢藻 *Dolichospermum compacta*

色，大而圆，具油滴状内含物。异形胞小
而透明，圆形至椭圆形，厚壁孢子与异形
胞通常距离较远，但偶见相邻而生，每根
藻丝通常出现1～2个，有时可见6个。少
数个体异形胞和厚壁孢子的外侧有透明胶
被包裹（图1-45）。

项圈藻属 *Anabaenopsis*

▶ **分类依据**：藻丝自由漂浮于水中，
短而螺圈形，似鱼腥藻。异形胞在藻丝的
末端或胞间，若胞间则一定是相邻存在，
在断开时一定等同地分开，形成两个相等
的植物孢子，孢子间生，但常远离异形胞
（图1-46）。

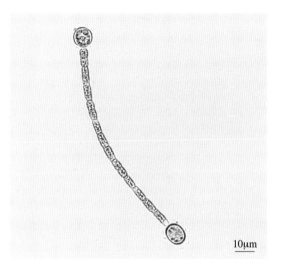

10μm

图1-45　卵孢金孢藻 *Chrysosporum ovalisporum*

拟柱孢藻属 *Cylindrospermopsis* Seenayya et Subba Raju, 1972

▶ **分类依据**：藻丝自由漂浮，单生，直、弯或似螺旋样弯曲，几个种末端渐狭，无
鞘，藻丝等极（藻丝仅具1个异形胞为异极），近对称，横壁有或无收缢；细胞圆柱形或
圆桶形，通常长明显大于宽，灰蓝绿色、浅黄色或橄榄绿色，具气囊，末端细胞圆锥形
或顶端钝或尖。异形胞位于藻丝末端，卵形、倒卵形或圆锥形，有时略弯曲，似水滴形
具单孔，它们由藻丝顶端细胞不对称的分裂发育形成，而且藻丝顶端细胞的分裂是不同
步的。厚壁孢子椭圆形、圆柱形，在藻丝卷曲的种类中常略弯曲，通常远离异形胞，罕
见临近顶端异形胞，以藻丝断裂和厚壁孢子进行繁殖（图1-47）。

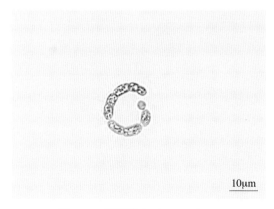

10μm

图1-46　项圈藻 *Anabaenopsis* sp.

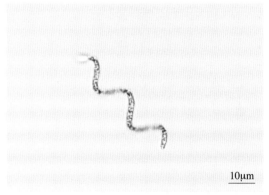

10μm

图1-47　拟柱孢藻 *Cylindrospermopsis* sp.

2 硅藻门

Bacillariophyta

硅藻门简介：

养殖池塘硅藻鉴定是水产养殖业发展与水质评价的基础。但目前国内关于养殖池塘硅藻种类鉴定的书籍和资料较少，即便是自然水体，有关硅藻分类的书籍也不多，而且分类体系混乱，导致种类鉴定不准确，根本无法满足养殖水体所需的藻类监测与评价技术的推广与应用。

硅藻门植物体为单细胞，或由单细胞连接成的各种群体和丝状体。细胞壁含有果胶质、硅质，由两个套合的半片组成，大的半片称上壳，小的称下壳。细胞壁的形态、结构和纹饰都是重要的分类依据。

硅藻色素体一至多个，呈小盘状或片状。叶绿素成分主要是叶绿素a和叶绿素c，辅助色素有β-胡萝卜素、叶黄素类，叶黄素类包括墨角藻黄素、硅藻黄素、硅甲黄素。由于这些叶黄素的存在，硅藻呈特殊的橙黄色。同化产物是金藻昆布糖和油脂。

硅藻的主要繁殖方式是营养繁殖，为细胞分裂。细胞分裂时，原母细胞壁的两个半片分别保留在两个子细胞上，子细胞新分泌形成一个下壳。由于新形成的半片始终作为子细胞的下壳，母细胞半片为上壳，结果造成子代细胞中一个子细胞的体积和母细胞等大，另一个则略小。随着分裂次数的增加，导致后代细胞越来越小。当缩小到一定程度时，会以复大孢子的方式恢复其大小。硅藻的有性生殖常与复大孢子相关，有的种类可产生具有鞭毛的精子。

硅藻传统的分类是根据细胞壁和复大孢子的形态结构和纹饰进行划分，将硅藻分为中心硅藻类和羽纹硅藻类两大类。本章沿用了《中国淡水藻志》中硅藻门的分类系统，将硅藻门分为中心纲和羽纹纲两个纲。分类是基于光学显微镜和电子显微镜的观察结果。需要说明的是，光学显微镜用于硅藻鉴定的传统术语与电子显微镜的术语有时存在不协调的情况。例如，光学显微镜下，大多数羽纹目硅藻的横线纹看上去是线条状，但在电子显微镜下，壳面外部显示为一排或多排的小孔点。因此，光学显微镜采用的术语"横线纹"包括范围广泛的形态特征，仅在少数情况下表示真实的基本结构。由于光学显微镜技术先发展起来，也容易推广应用到实际生产实践中，因此本章所采用的术语将尽可能地与光学显微镜下观察到的实际结构相协调。为辅助鉴定工作并详尽描述种属特征，本章也在一些种类中一并给出了电子显微镜下的照片和特征。

本章的鉴定工作主要依据《中国淡水藻志——第十卷至第二十三卷》，此外还参考了（德）克拉默和兰格·贝尔塔洛主编的《欧洲硅藻鉴定系统》，上海师范大学硕士学位论文《长江下游干流硅藻生物多样性研究》和《鄱阳湖浮游硅藻生物多样性研究》，以及一些国内外公开发表的重要参考文献。对于硅藻来说，无论其相关术语还是鉴定依据，都是基于光学显微镜和电子显微镜的观察结果。本章的撰写得到了上海师范大学王全喜教授、罗粉博士和于潘博士，上海海洋大学张玮老师和哈尔滨师范大学刘妍老师的关心和指导，对他们的付出表示崇高的敬意和衷心的感谢。

在河南养殖池塘中，几乎所有的水体均有硅藻分布，在调查过程中常见的硅藻有：颗粒沟链藻（*Aulacoseira granulate*）、梅尼小环藻（*Cyclotella meneghiniana*）、短纹假十字脆杆藻（*Pseudostaurosira brevistriata*）、雷士舟形藻（*Navicula leistikowii*）、德国舟形藻（*Navicula germannopolonica*）、双头舟形藻（*Navicula amphiceropsis*）、微小异极藻（*Gomphonema parvulum*）、两栖菱形藻（*Nitzschia amphibia*）、中型菱形藻（*Nitzschia intermedia*）、谷皮菱形藻（*Nitzschia palea*）等。本章总共记录硅藻门中8科23属42种（变种）的硅藻，其中可能有1个新属，2个新种的硅藻，中国新记录种5种。本章总共收集了97幅精美的藻类原色照片。

硅藻是一些水生动物，如浮游动物、贝类和鱼类的饵料。长期被用作重要的生物指示类群，特别是底栖硅藻，由于长期生活于同一水体中，群落演替没有浮游种类明显，因此常被用于监测和评价水体变动大的水质。

硅藻门（Bacillariophyta）

分纲检索表

1.壳面纹饰多呈同心放射状排列，无假壳缝和壳缝 ······························中心纲（Centricae）
2.壳面纹饰多呈两侧对称，羽状排列，具假壳缝或壳缝 ························· 羽纹纲（Pennatae）

中心纲（Centricae）

圆筛藻目（Coscinodiscales）

圆筛藻科（Coscinodiscaceae）

直链藻属（*Melosira*）

沟链藻属（*Aulacoseira*）

小环藻属（*Cyclotella*）

冠盘藻属（*Stephanodiscus*）

海链藻属（*Thalassiosira*）

羽纹纲（Pennatae）

无壳缝目（Araphidinales）
 十字脆杆藻科（Staurosiraceae）
  假十字脆杆藻属（*Pseudostaurosira*）

单壳缝目（Monoraphidinales）
 曲壳藻科（Achnanthaceae）
  曲丝藻属（*Achnanthes*）
  浮萍藻属（*Lemnicola*）

双壳缝目（Biraphidinales）
 舟形藻科（Naviculaceae）
  舟形藻属（*Navicula*）
  麦尔藻属（*Mayamaea*）
  布纹藻属（*Gyrosigma*）
  羽纹藻属（*Pinnularia*）
  鞍型藻属（*Sellaphora*）
  塘生藻属（*Eolimna*）
  新属
 桥弯藻科（Cymbellaceae）
  桥弯藻属（*Cymbella*）
  内丝藻属（*Encyonema*）
  拟内丝藻属（*Encyonopsis*）
  双眉藻属（*Amphora*）
 异极藻科（Gomphonemaceae）
  异极藻属（*Gomphonema*）

管壳缝目（Aulonoraphidinales）
 菱形藻科（Nitzschiaceae）
  菱形藻属（*Nitzschia*）
  盘杆藻属（*Tryblionella*）
 双菱藻科（Surirellaceae）
  双菱藻属（*Surirella*）

中心纲 Centricae

圆筛藻目 Coscinodiscales

圆筛藻科 Coscinodiscaceae

直链藻属 *Melosira* Agardh，1824

▶**分类依据**：植物体形成链状群体，浮游。细胞为长圆柱形，该属区别于其他中心纲藻类的特征在于其细胞的壳面和带面具有一致的结构，没有肋纹和隔膜，光学显微镜下无法看到连接相邻细胞的刺。

▶**生境特征**：此属是主要的淡水浮游硅藻之一，生长在池塘、浅水湖泊、沟渠、水流缓慢的河流中。多数种类普遍分布。

▶**代表种类**：

（1）**变异直链藻** *Melosira varians* Agrardh，1849

▶**形态学特征**：细胞间连接成链状群体。细胞圆柱形，长略大于宽，壳面直径 10 ～ 13μm，高 21 ～ 27μm。壳套面环状，点纹细而密。外壁有极细的点纹，其间并散生略粗的点纹，顶端无刺。在壳套近边缘处有环沟，细胞色素体小圆盘状。无性生殖产生复大孢子（图 2-1）。

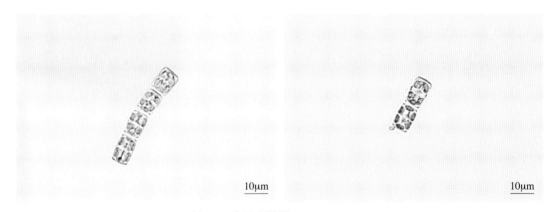

10μm   10μm

图 2-1　变异直链藻 *Melosira varians*

沟链藻属 *Aulacoseira* Thwaites

▶**分类依据**：植物体形成链状群体，浮游。细胞为长圆柱形，端细胞的壳盘缘具长刺，同时起分裂作用，因此端细胞也称分裂细胞，末端长刺也称分裂刺。分裂刺是该属植物的显著特征，该属因细胞边缘具有长刺而与直链藻属区分开来。连接细胞只具有壳盘缘小短刺（也称连接刺）。本属在河南省养殖池塘中共发现 2 种。

▶**生境特征**：该属从直链藻属分出，两属生境相似。生长在池塘、浅水湖泊、沟渠、水流缓慢的河流中。多数种类普遍分布。

▶**代表种类：**

（1a）颗粒沟链藻*Aulacoseira granulate*（Ehrenb.）Simonsen，1979

▶**形态学特征：**群体细胞以壳盘缘刺彼此紧密连接成长链状。细胞圆柱形，壳盘面平，具圆点纹。壳面两端细胞具有不规则的长刺，其他细胞具有小短刺。点纹多形且不规则。带面点纹粗。颈部明显。色素体小圆盘状。无性生殖产生复大孢子（图2-2）。

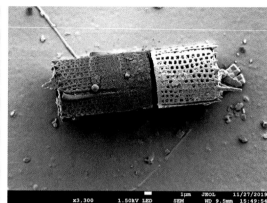

图2-2　颗粒沟链藻 *Aulacoseira granulate*

（1b）颗粒沟链藻极狭变种螺旋变型*Aulacoseira granulate* var. *angustissima* f. *spiralis*
（Hustedt）Simonsen，1979

▶**形态学特征：**此变种为链状群体弯曲形成的螺旋形（图2-3）。

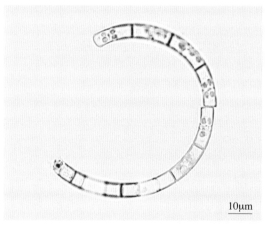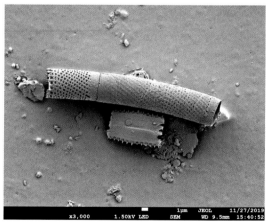

图2-3　颗粒沟链藻极狭变种螺旋变型*Aulacoseira granulate* var. *angustissima* f. *spiralis*

（1c）颗粒沟链藻极狭变种*Aulacoseira granulata* var. *angustissima*（O. Müller）Simonsen，
1979

▶**形态学特征：**本变种与原种的主要区别是本变种的链状群体细而长，壳体高度大于直径数倍到10倍。细胞直径4～8μm，高度20～40μm。壳面两端细胞具有不规则的长刺（图2-4）。

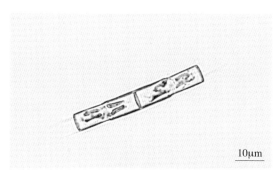
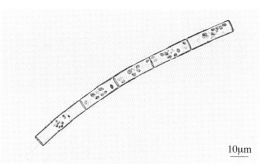

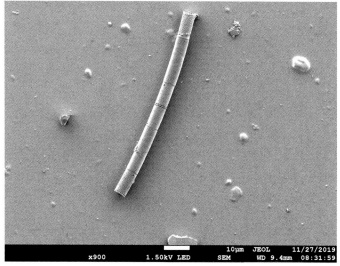

图2-4　颗粒沟链藻极狭变种 *Aulacoseira granulata* var. *angustissima*

（2）矮小沟链藻 *Aulacoseira pusilla*（Meister）Tuji et Houk

▶**形态学特征：**细胞圆柱形，连接成紧密的链状群体，壳体直径较小。壳面直径 5～6μm，高3～4μm。壳面两端细胞具有短刺，有时短刺不明显（图2-5）。

此种报道较少，在我国，仅在长江下游干流中有报道。

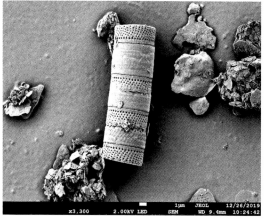

图2-5　矮小沟链藻 *Aulacoseira pusilla*

中心纲Centricae

圆筛藻目Coscinodiscales

圆筛藻科Coscinodiscaceae

小环藻属Cyclotella（Kützing）Brébisson，1838

▶**分类依据**：细胞单生或连接成疏松的链状群体。壳体常呈鼓形；壳面圆形，常呈同心圆波曲或切向波曲状，纹饰边缘区和中央区明显不同，边缘区呈辐射状线纹或肋纹，中央区平滑或者具有点纹和斑纹，部分种类壳缘具小棘，带面矩形。色素体小盘状，多数。

▶**生境特征**：生长在池塘、浅水湖泊、沟渠、沼泽、水流缓慢的河流和溪流中，大多数为浮游种类。广泛分布于淡水水体中，个别种类是喜盐的，仅有少数海生。

▶**代表种类**：

（1）梅尼小环藻*Cyclotella meneghiniana* Kützing, 1844

▶**形态学特征**：壳面呈圆形，中央区和边缘区边界明显。壳面边缘区具有同心波曲，具有放射状排列的粗而平滑的线纹，边缘区宽度约为半径的1/2。中央区平坦，具有1～2个点斑。细胞直径9～22μm。

▶**电镜特征**：中央区具有1～3个唇形突，壳缘具1圈支持突（图2-6）。

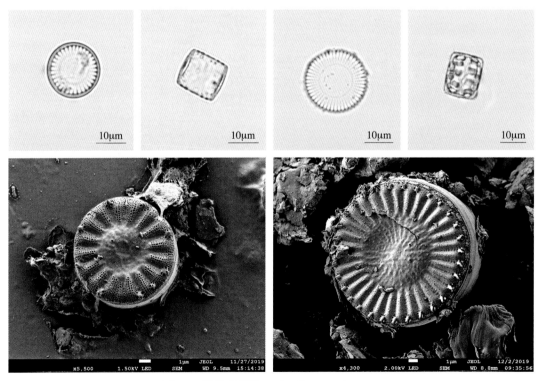

图2-6　梅尼小环藻*Cyclotella meneghiniana*

冠盘藻属 *Stephanodiscus* **Ehrenberg，1846**

▶**分类依据：** 植物体为单细胞或连成链状群体，浮游。细胞圆盘形，少数为鼓形。壳面圆形，平坦或呈同心波曲。壳面纹饰为成束辐射状排列的网孔（电镜下为室孔），壳面边缘处每束网孔为 2 ～ 5 列，向中部成为单列，在中央排列不规则或形成玫瑰纹区，网孔束之间具有辐射无纹区，每条辐射无纹区或相隔数条辐射无纹区在壳套处末端具有一短刺。带面平滑具有少数间生带。数个色素体，小盘状，较大且呈不规则形状的仅 1 ～ 2 个。本属在河南省养殖池塘中共发现 3 种。

▶**电镜特征：** 壳缘短刺的下方有支持突，有时在壳面上也有支持突，壳面支持突的数目超过 1 个时，会排为规则或不规则的一轮。唇形突 1 个或数个。

▶**生境特征：** 生长在池塘、浅水湖泊、沟渠、沼泽、水流缓慢的河流和溪流中，大多数为淡水浮游种类。

▶**代表种类：**

（1）**汉氏冠盘藻** *Stephanodiscus hantzschii* **Grunow**

▶**形态学特征：** 单细胞，很少由 2 ～ 3 个细胞连成短链状群体。细胞圆盘形，壁厚。壳面圆形，呈同心波曲，具有辐射状排列的网孔，在 10μm 内有 7 ～ 10 束，16 ～ 22 个网孔，在壳缘处每束网孔为 2 列，很少是 3 列，向中部成为单列，除有几条单列网孔直达壳面中心外，中央网孔大多散生，网孔束之间为辐射无纹区。细胞直径 10 ～ 20μm。繁殖方式为细胞分裂；无性生殖产生复大孢子，椭圆形。

▶**电镜特征：** 刺位于壳面亚边缘位，位于每条辐射无纹区的末端。壳面中央没有支持突（图2-7）。

图 2-7　汉氏冠盘藻 *Stephanodiscus hantzschii*

（2）*Stephanodiscus flabellatus* **Khursevish et Loginova**

▶**形态学特征：** 细胞直径 12 ～ 50μm。壳面扁平，没有明显的同心波纹；具有辐射状排列的网孔，在 10μm 内有 8 ～ 12 束，在壳缘处每束网孔为 3 ～ 4 列，向中部成为单列。

壳套处末端具支持突，从壳刺处伸出壳外一根长胶质刺（图2-8）。

中国新记录种。

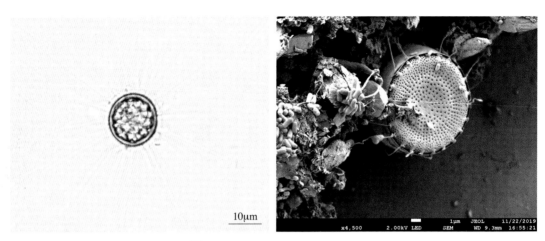

图2-8　*Stephanodiscus flabellatus*

（3）*Stephanodiscus bellus* **Khursevish et Loginova**

▶**形态学特征**：壳体小，细胞直径12～25μm。具有辐射状排列的网孔，在10μm内有12～16束，壳面边缘区每束网孔有多列。壳面中央区有起伏，且网孔散生，排布无序。每束网孔末端有边缘刺（图2-9）。

中国新记录种。

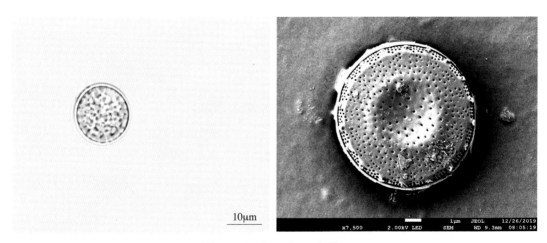

图2-9　*Stephanodiscus bellus*

中心纲Centricae

圆筛藻目Coscinodiscales

圆筛藻科Coscinodiscaceae

海链藻属*Thalassiosira* Cleve

▶**分类依据：**该属细胞壳面圆形，平坦或波动。壳带面较短，纹饰与壳面不同。壳面主要由辐射状的线纹组成，但不形成束状发散。壳面边缘有一圈刺状结构。壳面中央的支持突可以分泌几丁质，用来抵抗细胞沉降。淡水种类中，壳面的唇形突往往表现为长管状，在光学显微镜下清晰可见。

▶**生境特征：**是组成海洋微型浮游生物的一个重要类群，多数为近海岸河口浮游种类，少数生长在内陆的淡水和半咸水中。

▶**代表种类：**

（1）维斯吉思海链藻*Thalassiosira visurgis* Hustedt

▶**形态特征：**壳面扁平，壳面具不规则排列的孔纹，孔纹偏心状排列，壳缘具有支持突，密度10μm内8～9个，支持突具长的外管，但内管很短。壳面直径15～21μm（图2-10）。

该种在我国长江口和广东沿海有报道记录，淡水中少有报道，我国仅有上海市郊淀山湖有报道。

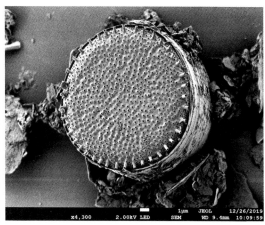

图2-10　维斯吉思海链藻*Thalassiosira visurgis*

羽纹纲Pennatae

无壳缝目Araphidinales

十字脆杆藻科Staurosiraceae

假十字脆杆藻属*Pseudostaurosira* Williams et Round

▶**分类依据：**该属细胞可以通过壳面紧密相连形成丝状群体，带面观近似矩形。壳面线形到椭圆形，某些种类壳面边缘波动，有些壳面呈十字形，两端喙状或头状。壳面线纹较短，单列，由椭圆形的孔纹组成。本属在河南省养殖池塘中有2种。

▶**生境特征：**在河流、浅水湖泊、池塘和其他静水水体中广泛分布。

▶**代表种类：**

（1）短纹假十字脆杆藻*Pseudostaurosira brevistriata*（Grunow）Williams et Round

▶**形态特征：**壳面披针形到线形披针形。轴区宽披针形。线纹短，在壳面中间近似平行，横线纹在10μm内12～15条。细胞长8～26μm，宽3.5～4μm（图2-11）。

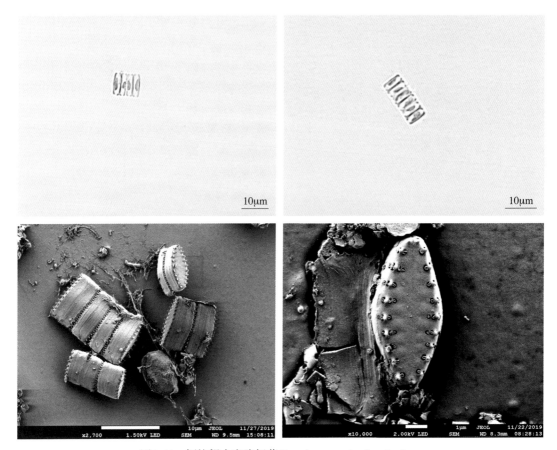

图2-11　短纹假十字脆杆藻*Pseudostaurosira brevistriata*

（2）假十字脆杆藻 *Pseudostaurosira* sp.

▶ **形态特征**：壳面披针形到线形披针形。轴区宽披针形。具点状线纹，10μm内10～
14条。线纹短，仅由一个气孔组成。细胞长40～60μm，宽2～3μm。该种与短纹假十
字脆杆藻相比，细胞长度远大于短纹假十字脆杆藻。与其他已报道的短纹假十字脆杆藻
属的种类相比，该种线纹极短，仅由一个气孔组成（图2-12）。

可能为新种。

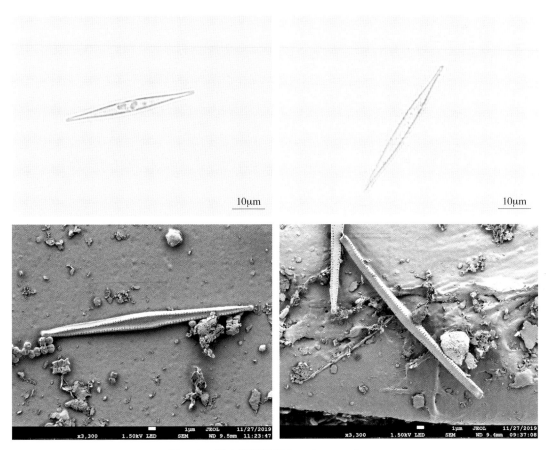

图2-12　假十字脆杆藻 *Pseudostaurosira* sp.

羽纹纲 Pennatae

单壳缝目 Monoraphidinales

曲壳藻科 Achnanthaceae

曲丝藻属 *Achnanthidium* Kützing

▶**分类依据**：该属细胞单个存在或形成短链状群体，通常个体较小，壳面较为狭窄（通常长度小于30μm，宽度小于5μm），带面呈浅"V"形。壳缝面凹，轴区狭线性，中央区有时形成饰带，线纹细，通常单列组成，辐射状。无壳缝面中央区小或没有，线纹略辐射状或平行。

▶**生境特征**：该属可在流速较快的水体中大量存在，某些是好氧种类。

▶**代表种类**：

（1）极小曲丝藻 *Achnanthidium minutissmum* Kützing

▶**形态特征**：细胞长6～21μm，宽1.5～3.5μm。单个存在，或形成短链状。壳面线形披针形，两端延长或呈微头状。壳缝面凹，无壳缝面凸。壳缝直，轴区窄。中央区附近的线纹通常被隔断，形成对称或不对称的空白带，线纹单列，呈辐射状，10μm内25～35条（图2-13）。

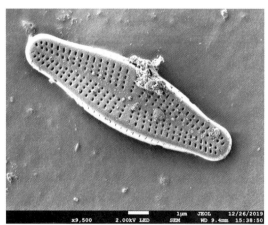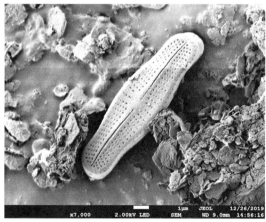

图2-13　极小曲丝藻 *Achnanthidium minutissmum*

浮萍藻属 *Lemnicola* Round

▶**分类依据**：细胞单生。壳面线形或线形椭圆形。一个壳面具壳缝，另一个壳面无壳缝。两个壳面近平坦，壳面没有明显的内凹和向后弯曲。壳面线纹双列，具有壳缝的一个壳面具不对称的十字结构。

▶**生境特征**：活细胞单生，常附着于浮萍上。

▶代表种类：

（1）匈牙利浮萍藻 *Lemnicola hungarica* **Round et Basson**

▶**形态特征：** 壳体是线形到线形椭圆形，两极狭窄，顶部头状。中缝有一个明显的线性的区域，横轴在壳缝一面具不对称的结构。中央区域有一个"马蹄形"凹陷。细胞长 8 ～ 40μm，宽 4 ～ 7μm。横线纹双列，在 10μm 内有 18 ～ 24 条（图 2-14）。

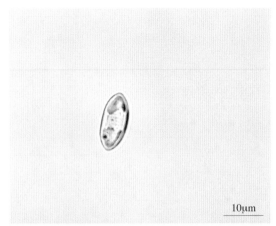

图 2-14　匈牙利浮萍藻 *Lemnicola hungarica*

羽纹纲 Pennatae

双壳缝目 Biraphidinales

舟形藻科 Naviculaceae

舟形藻属 *Navicula* Bory

▶**分类依据：**细胞单个，罕有连成链状群体。舟状，多以壳面观出现，壳面外形多变，壳面通常线形披针形到披针形，两端可呈多种形状。壳面平坦或弯曲，壳缝直，丝状，有时会偏离中央，外裂缝中央末端（近缝端）简单或膨大形成孔状或钩状，极端（远缝端）简单或强烈的钩状。壳面横线纹单列或少有双列的，除极少数种类的线纹是肋纹状外，线纹基本都是由不同型的明显或不明显的点纹组成。横线纹平行或辐射状排列。壳环面观呈长方形，常常是平滑带或平坦带。每个细胞具2个壳环带色素体，位于顶轴的各边，每个色素体包含1个伸长的蛋白核。本属硅藻的繁殖由2个母细胞的原生质分裂，各形成2个配子，2对配子结合形成2个复大孢子。

▶**电镜特征：**壳缝呈裂缝状，有内外之分，内裂缝在中央末端直和不膨大，无间断或连续的，有些种类形成喇叭舌或螺旋舌状。

▶**生境特征：**该属淡水种类丰富，各种类型的水体中都有，分布范围较广。

▶**代表种类：**

（1）雷士舟形藻 *Navicula leistikowii* Lange-Bertalot

▶**形态特征：**壳面线形至披针形，末端近圆形。中心区小，横向扩大呈圆形。壳缝线性，近缝端稍弯斜，中央孔略膨大，远缝端弯钩状。壳面横线纹均为辐射状排列，在中部短条纹中长、略短有差异，线纹由短线条纹组成，长线纹在10μm内有10～14条，短线纹稍密，在10μm内有12～13.5条。壳面长17～30μm，壳面宽5.2～6.5μm（图2-15）。

（2）德国舟形藻 *Navicula germanopolonica* Witkowski et Lange-Bertalot

▶**形态特征：**细胞长13～80μm，宽4～6μm。壳面椭圆披针形，两端呈楔形到圆形。中央区明显，致使其周围的线纹较短。近壳缝端膨大，远壳缝端呈钩状。壳面线纹在中间呈辐射状，且明显弯曲，在两端略汇聚，10μm内16～18条（图2-16）。

中国新记录种。

（3）双头舟形藻 *Navicula amphiceropsis* Lange-Bertalot et U. Rumrich

▶**形态特征：**壳面舟形，末端呈明显头状。壳面长30～80μm，宽7.5～12μm。线纹由线性点纹组成，且呈辐射状排列，10μm内10～12条（图2-17）。

（4）*Navicula trivialis* Lange-Bertalot

▶**形态特征：**壳面窄披针形，末端近喙状，极端不呈尖形。轴区非常窄，中心区稍微扩大形成圆形或椭圆形。壳缝直，丝状，近缝端直，中央孔不明显，远缝端略呈钩状。壳面横线纹辐射状排列，在10μm内24～28条。壳面长45～75μm，壳面宽10～13μm。

　　该种有文献报道中文名为平凡舟形藻，但《中国淡水藻志——第二十三卷》中记载的平凡舟形藻拉丁名为*Navicula mediocris* Krasske，与该种拉丁名并不一致，形态特征也不相同，因此该种仅使用拉丁名。该种在我国鄱阳湖中有报道记录（图2-18）。

图2-15　雷士舟形藻*Navicula leistikowii*

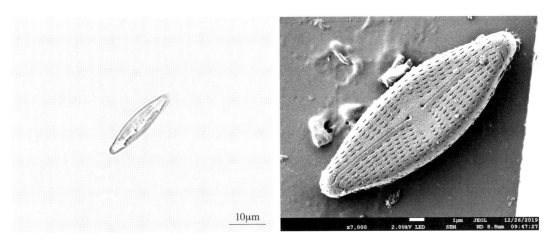

图2-16　德国舟形藻*Navicula germanopolonica*

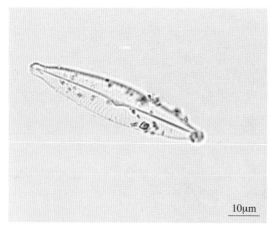

10μm

图2-17　双头舟形藻Navicula amphiceropsis

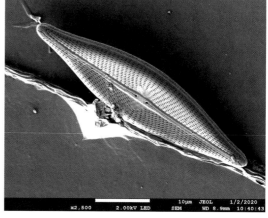

图2-18　Navicula trivialis

麦尔藻属（马雅美藻属）Mayamaea Lange-Bertalot, 1997

▶**分类依据：**又称为马雅美藻属。该属细胞个体小，单个。壳面椭圆形，末端宽圆形，近头状或尖头状。壳面轴区加厚，细胞经过酸处理后，有时仅剩轴区部分，线纹单列。壳缝简单，直形，内裂缝没有复杂的缝肋。近缝端顶没有特殊组合构造，远缝端有一个短的适度大的螺旋舌（喇叭舌）。每个细胞有两个色素体，各有一个蛋白核。

本属所有种都是从舟形藻属Navicula中分出来的，其生存的生态环境基本相似。河南省养殖池塘仅采集到1个种隶属于本属。

▶**生境特征：**该属是从舟形藻属中分出来的，其生态环境基本类似，常出现在暂时性水体或富含营养的水体中，可在污染水体中大量出现。

▶**代表种类：**

（1）田地麦尔藻*Mayamaea agrestis* Hustedt

▶**形态特征：**细胞长9～11μm，宽2.5～4μm。壳面线形椭圆形到椭圆披针形，两端呈楔形或圆形，轴区加厚，线纹较密，但光镜下仍可见线纹，在中间明显呈辐射状，10μm内24～28条（图2-19）。

布纹藻属*Gyrosigma* Hassall

▶**分类依据：**该属细胞壳面呈"S"形，轴区和壳缝也呈"S"形。线纹由点孔组成，同时垂直或平行于横轴和纵轴，远壳缝端向相反方向弯曲。

▶**生境特征：**此属广泛分布于淡水中，一些种类可出现在咸水水体。

▶**代表种类：**

（1）尖布纹藻*Gyrosigma acuminatum* Rabenhorst

▶**形态特征：**壳面披针形，略呈"S"形弯曲，近两端圆锥形，末端钝圆，中央区长椭圆形，壳缝两侧具纵线纹和横线纹"十"字形交叉构成的布纹，纵线纹和横线纹粗细相等，在10μm内16～22条。细胞长82～200μm，宽11～20μm（图2-20）。

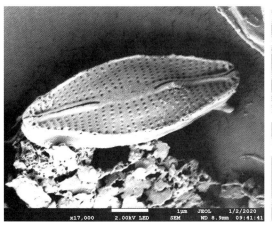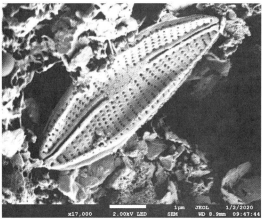

图 2-19　田地麦尔藻 *Mayamaea agrestis*

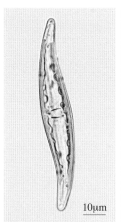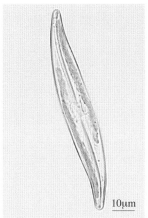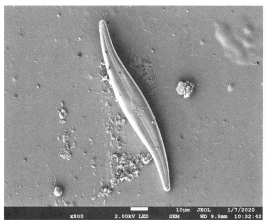

图 2-20　尖布纹藻 *Gyrosigma acuminatum*

羽纹藻属 *Pinnularia* Ehrenberg

▶**分类依据：**该属细胞单生，偶见连成带状或丝状群体。此属的形状大小变化很大，小型个体长度仅有11μm，大型个体长度可达450μm左右。壳面长椭圆形至舟形，两侧平行，但也有中部膨大，或呈对称的波浪状。两端圆，壳缝在中线上，直或扭曲，到末端呈分叉状。壳面花纹由肋纹组成。肋的中部内侧有一椭圆形小孔，与细胞内部相通。肋纹在中部平行或射出状，在壳端为汇聚状。有中央节和极节。羽纹藻属与舟形藻属相近，除细胞体型外，主要区别在于在光镜下观察，羽纹藻属种类的花纹由肋条组成，而舟形藻属种类为点条纹。

▶**生境特征：**此属广泛分布于淡水中，一些种类可出现在咸水水体。

▶**代表种类：**

（**1**）**腐生羽纹藻 *Pinnularia saprophila* Lange-Bertalot, Kobayasi et Krammer**

▶**形态特征：**壳面线形到线形披针形，末端延伸呈头状。长34μm，宽7μm。中央区呈矩形，壳缝两端弯向相同方向，线纹在壳面两端汇聚，在中央呈辐射状排列，在每

10μm内有13条（图2-21）。

此种在芜湖有报道。

鞍型藻属 *Sellaphora* Mereschkowsky

▶**分类依据**：细胞单个，无环状构造。该属壳面线性、披针形或椭圆形，两端呈钝圆形，某些种类在壳面顶端具明显的横向加厚。轴区及中央区明显，近壳缝端膨大，远壳缝端常向近缝端相对方向弯曲或呈钩状，线纹单列组成，在中部常略辐射排列，线纹由圆形小孔组成。

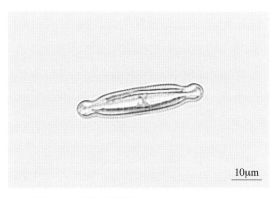

图2-21　腐生羽纹藻 *Pinnularia saprophila*

本属是由Mereschkowsky（1902）依据细胞的构造特征，将瞳孔舟形藻 *Navicula pupula* 从舟形藻属 *Navicula* 分离出来重建的新属。Lange-Bertalot 等（2003）在研究意大利撒丁岛硅藻时，还发表了一些本属的新种，事实证明鞍型藻属已逐步被硅藻学家所接受。本属在河南省养殖池塘中发现了3种。

▶**生境特征**：该属广泛分布于碱性水体或pH中性的半咸水中。

▶**代表种类**：

（1）亚头状鞍型藻 *Sellaphora perobesa* Metzeltin, Lange-Bertalot et Nergui

▶**形态特征**：壳面舟形，末端呈亚头状。细胞长16～23μm，宽6～8μm。中央区呈蝴蝶结形，线纹单列，呈辐射状排列，在每10μm内有20～25条（图2-22）。

此种在我国湖口、彭泽县马当镇、南京等多地有记录，分布范围较广。

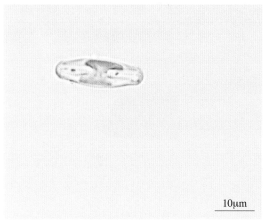
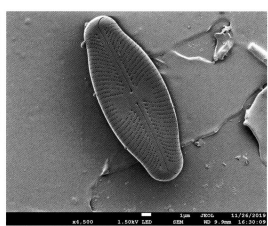

图2-22　亚头状鞍型藻 *Sellaphora perobesa*

（2）光滑鞍型藻 *Sellaphora laevissima*（Kützing）Mann. Krammer et Lange-Bertalor, 1986

▶**形态特征**：细胞长20～70μm，宽5～12μm。壳面线形披针形，两端略延长呈宽圆形。轴区非常窄,中央区通常不规则,其周围由长短不一的线纹交替排列,壳面当断具明显的横向加厚。线纹在整个壳面呈明显辐射状。10μm内16 ~ 18条(图2-23)。

（3）椭圆披针形鞍型藻 *Sellaphora ellipticolanceolata* Metzeltin et Lange-Bertalot

▶**形态特征：**壳面舟形,末端呈头状。细胞长21 ~ 42μm,宽7 ~ 8.6μm。中央区呈蝴蝶结形,线纹单列,呈明显的辐射状排列,在每10μm内有21 ~ 22条。壳缝直,近缝端膨大,远缝端弯向一侧呈弯钩状(图2-24)。

中国新记录种。

图2-23 光滑鞍型藻 *Sellaphora laevissima*

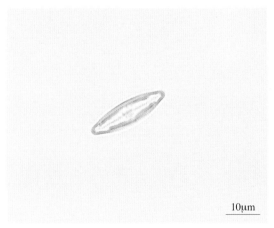
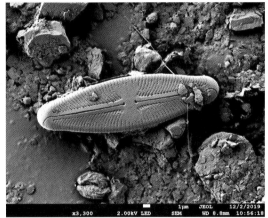

图2-24 椭圆披针形鞍型藻 *Sellaphora ellipticolanceolata*

塘生藻属 *Eolimna* Lange-Bert et Schiller, 1997

▶**分类依据：**从舟形藻属中分出。基本特征和舟形藻属相似。不同在于,本属植物表面常覆盖有一层膜状结构,并且膜状物陷入小的孔纹间隙中。

▶**生境特征：**多分布于高导电性的淡水水体中。

▶**代表种类：**

（1）小塘生藻 *Eolimna subminuscula*

▶**形态特征：**细胞长7 ~ 12μm,宽5 ~ 7μm。壳面线形椭圆形到椭圆形,两端呈楔形。轴区略加厚;单列线纹,较密,光镜下不可见,左右线纹略呈辐射状,10μm内20 ~ 26条(图2-25)。

该种鲜有报道,资料显示在我国汉江流域有发现。

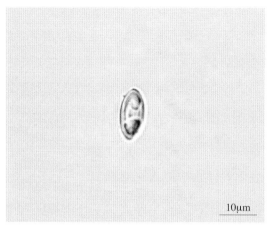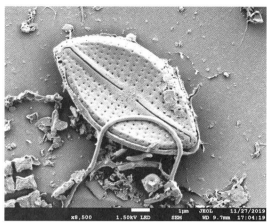

图2-25　小塘生藻 *Eolimna subminuscula*

新属

▶**分类依据**：作者认为本属可能为舟形藻科中的一个新属。其基本特征和舟形藻属有相似之处，但仍存在明显不同。不同在于，本属藻类表面覆盖有一层膜状结构，并且膜状物覆盖了硅藻的孔纹。壳缝较短，中央节区域细而长。与舟形藻科中的塘生藻属较为接近，此两属表面均覆盖有一层膜状结构，但不同之处在于，塘生藻属的膜状物陷入小的孔纹间隙中，而本属膜状物覆盖了硅藻的孔纹。此外，本属壳缝短但明显，中央节区域细而长，这与塘生藻属中较长的壳缝明显不同。目前，暂未为其命名。

▶**代表种类**：

（1）新种

▶**形态特征**：壳体小型。细胞长5～8μm，宽5～6μm。壳面椭圆形，两端呈楔形。轴区加厚，中央节区域细而长。左右肋纹略呈辐射状。10μm内15～18条（图2-26）。

可能为新种。

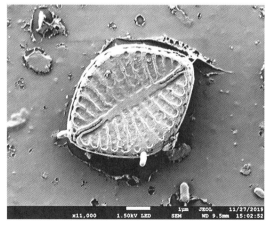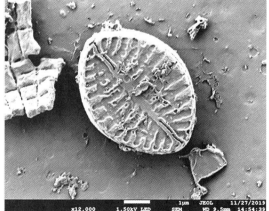

图2-26　新种

羽纹纲 Pennatae

双壳缝目 Biraphidinales

桥弯藻科 Cymbellaceae

桥弯藻属 *Cymbella* Agardh, 1830

▶**分类依据**：壳面多数明显具有背腹之分，新月形，壳缝为典型的"桥弯藻属壳缝类型"，即壳缝多偏向腹侧，在近中央区的近缝端呈侧翻状，近缝端端部的中央孔多呈圆形的珠孔状或弯钩状，或多或少地弯向腹侧。远缝端多呈线性，少呈侧翻状，端缝总是弯向背侧。线纹由单列的点纹组成。有的种类在中央区的腹侧具1到多个孤点。两端具明显的顶孔区。从顶孔区常分泌胶质形成一胶质柄而使藻体营附着生活。在河南省养殖池塘中仅发现一种属于本属。

▶**生境特征**：桥弯藻属的种类很多，属于淡水广布性种类。

▶**代表种类**：

（1）热带桥弯藻 *Cymbella tropica* Krammer

▶**形态特征**：壳面具背侧之分，宽披针形。背缘较明显地呈弓形弯曲。腹缘略呈弓形弯曲。两端略呈亚喙状，端部钝圆形。壳缝偏，位于腹侧。轴区窄，线形。中央区略比轴区宽，形成一小圆形或不明显的区域。腹侧中央线纹的端部常具有一个较大而明显的孤点。线纹放射状排列，中部在10μm中有8～11条，端位在10μm中有12～14条，组成线纹的点纹在10μm中有21～24个。壳面长47～52μm，宽11～12μm。长宽比为3.9～4.6(图2-27)。

图2-27 热带桥弯藻 *Cymbella tropica*

内丝藻属 *Encyonema* Kützing

▶**分类依据**：壳面具有明显的背腹之分，常呈半椭圆形或半披针形。壳缝为"内丝藻属壳缝"类型，即近缝端折向背侧，远缝端折向腹侧，中段的外壳缝或多或少地弯向腹侧。线纹单列，由点纹组成。多数不具有孤点，少数有孤点，如有孤点必位于中央区的背侧。顶孔区缺乏。它们常以胶质黏附在水生植物或岩石等基质上，也有些种类的一些个体群居在一胶质管内，然后胶质管营附着生活。

▶**生境特征**：内丝藻属的种类记录约有300种，我国目前记录有30种左右，属于淡水广布性种类。在河南省养殖池塘中采集到3种。

▶代表种类：

（1）簇生内丝藻 *Encyonema cespitosum* Kützing

▶**形态特征：**壳面具有明显的背腹之分，有时较为粗壮，半披针形或半椭圆形。背缘强烈地呈弓形弯曲，腹缘略呈弓形弯曲，在腹缘中部明显地凸出。两端极轻微地收缢并略凸出呈亚头状，端部圆形。壳缝偏位于腹侧，近于线形，中部略弯向腹侧。近缝端端部略膨大且弯向背侧，远缝端端缝较靠近壳缘且折向腹侧。轴区偏于腹侧，窄，线形。中央区不明显，仅中央线纹由于缩短而有所显示，常向背侧略扩大。线纹放射状排列，但在端部略呈汇聚状，中部在10μm中有8～14条，端位在10μm中有12～15条，组成线纹的点纹在10μm中有20～24个。壳面长10～46μm，宽4.5～15μm。长宽比为2.0～3.8（图2-28）。

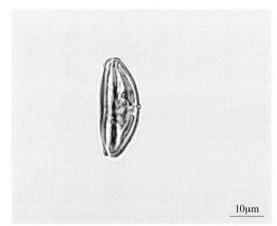

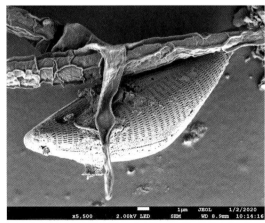

图2-28　簇生内丝藻 *Encyonema cespitosum*

（2）西里西亚内丝藻 *Encyonema silesiacum*（Bleisch）Mann

▶**形态特征：**壳面具有明显的背腹之分，半披针形或半椭圆形（罕为半菱形），背缘呈明显或强烈的弓形弯曲，腹缘几乎平直但中部略拱形凸起；两端渐狭，端部狭圆形或圆形。壳缝明显偏于腹侧，线性，中段分叉不明显，几乎直向，与腹缘近于平行；近缝端端部略膨大且略弯向背侧，远缝端端缝多数靠近壳缘且弯向腹侧。轴区也偏于腹侧，窄，线性，也几乎与腹缘平行。中央区不明显；常有一明显的孤点，位于背侧中央线纹端部。线纹放射状排列，但在端部呈汇聚状，在10μm中有11 ～ 14条（中）和14 ～ 18条（端），组成线纹的点纹在10μm中有30 ～ 35个。壳面长15 ～ 43μm，宽7 ～ 10μm，长宽比为2.1 ： 4.3（图2-29）。

该种在我国有广泛分布。

（3）纤细内丝藻 Encyonema gracile Rabenhorst, Süssw. Diat（Bacill.）Fr. Mikrosk.

▶**形态特征**：壳面明显地具背腹之分，弯月形、狭披针形；背缘明显地弓形弯曲；腹缘在两端略弧形凹入，但中部略呈菱形状凸起；两端渐狭，呈狭圆形或尖圆形，且略弯向腹缘。壳缝偏于腹侧，中段分叉较明显；近缝端端部略弯向背侧，远缝端端缝长且弯向腹侧。轴区偏于腹侧，窄，线性。中央区不明显，有时略向背部扩大一点。线纹放射状排列，但在端部呈汇聚状排列，在10μm中有12 ～ 14条（中）和约27条（端），组成线纹的点纹在10μm中有27 ～ 30个。壳面长20 ～ 50μm，宽4 ～ 8μm，长宽比为5.0 ～ 7.1（图2-30）。

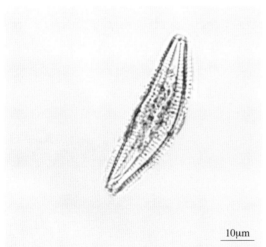

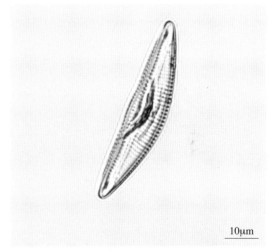

图2-29　西里西亚内丝藻 Encyonema silesiacum　　　　图2-30　纤细内丝藻 Encyonema gracile

拟内丝藻属 Encyonopsis Krammer

▶**分类依据**：壳面的背腹之分不明显（多数呈舟形藻状），线性、披针形或椭圆形，两端尖圆形或呈头喙状。壳缝常位于壳面的中间，且中段分叉的内外壳缝多呈平行，为"内丝藻属壳缝类型"：近缝端弯向背侧，远缝端弯向腹侧。线纹由单列的点纹组成。孤点多数缺如，少数有孤点，均位于中央区背侧。顶孔区缺如。

本属从桥弯藻属 Cymbella 中分出。

▶**生境特征**：细胞常单独生活，淡水性，喜生活于偏酸水体中。

▶**代表种类：**

（1）高山拟内丝藻 *Encyonopsis alpine* Krammer et Lange-Bertalot

▶**形态特征：**壳面的背腹之分不明显，呈舟形，两端呈头喙状。壳缝几乎常位于壳面的中间，为"内丝藻属壳缝类型"。线纹由单列的点纹组成，没有孤点。壳面长 35 ~ 40μm，宽 7 ~ 9.5μm（图 2-31）。

中国新记录种。

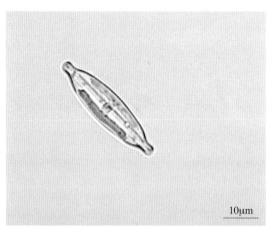

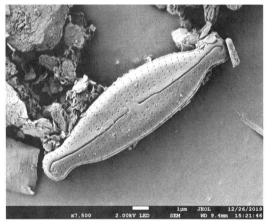

图 2-31　高山拟内丝藻 *Encyonopsis alpine*

双眉藻属 *Amphora* Ehrenberg

▶**分类依据：**壳体具有明显的背腹之分。在壳面观上，其纵轴呈弯曲形，致使壳面两侧不对称。但横轴呈直线，使壳面上下对称。从壳体的横切面观察，其贯壳轴也呈弯曲形，而使背腹也明显不对称，背侧宽，腹侧窄，但上下对称。壳缝略突出于壳平面，线性、直向、弯曲形或"S"形。远缝端常超过背线纹而弯向背侧，少数呈直向或弯向腹侧。极节区通常不明显。线纹常由单列点纹组成，点纹或粗或细，有时呈短线状。背侧线纹较长且明显，腹侧线纹较短，有时不明显。无孤点，无顶孔区。常营自由漂浮生活或附着生活，但不产生胶质柄。

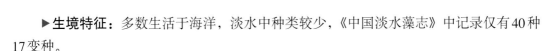

▶**生境特征**：多数生活于海洋，淡水中种类较少，《中国淡水藻志》中记录仅有40种17变种。

▶**代表种类**：

（1）双眉藻*Amphora* sp.

▶**形态特征**：壳面新月形，背缘凸出，腹缘凹入，末端钝圆形。中轴区狭窄，中央区仅在腹侧明显。壳缝略波状，由点纹组成的横线纹在腹侧中部间断，末端斜向极节，在背侧呈放射状排列。带面宽椭圆形，末端截形，两侧边缘弧形。壳面长14～20μm，宽6～9.5μm（图2-32）。

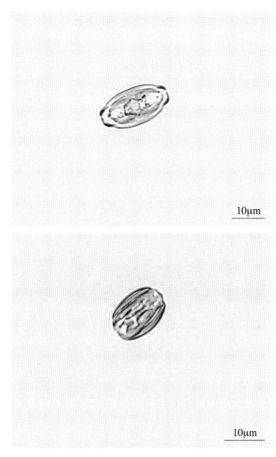

图2-32 双眉藻*Amphora* sp.

羽纹纲Pennatae

双壳缝目Biraphidinales

异极藻科Gomphonemaceae

异极藻属*Gomphonema* Ehrenberg *nom. cons.* non Agardh

▶**分类依据**：植物体为单细胞，或为不分支或分支的树状群体，细胞位于胶质柄的顶端，以胶质柄着生于基质上，有时细胞脱落成为偶然性的单细胞浮游种类。壳面上下两端不对称，上端宽于下端，两侧对称，呈棒状、披针状、楔形。中轴区狭窄、直，中央区略扩大，有些种类在中央区一侧具有1个、2个或多个单独的点纹，具中央节和极节。壳缝两端具有点纹组成的横线纹。带面多呈楔形，末端截形，无间生带。少数种类在上端具横隔膜。色素体侧生，片状，1个。

由2个母细胞的原生质体分别形成2个配子，互相成对结合形成2个复大孢子。

▶**生境特征**：主要是淡水种类，少数生活于半咸水和海洋中。本属在河南省养殖池塘中有2种记录。

▶**代表种类**：

（1）微小异极藻*Gomphonema parvulum* Kützing, 1849

▶**形态特征**：壳面呈披针形，两端上下不对称，两侧对称，末端延长呈喙状。壳缝直，呈线形，中央区明显不对称，具有孤点。线纹由点纹组成，呈辐射状排列，线纹在每10μm内有8～10条。细胞长22～39μm，宽6～9μm（图2-33）。

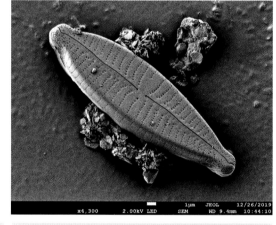

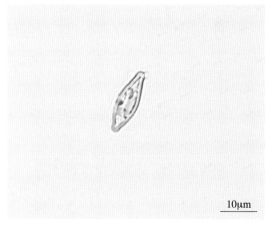

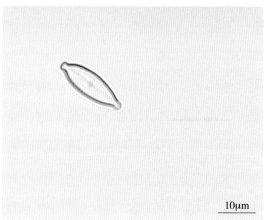

图2-33　微小异极藻*Gomphonema parvulum*

（2）南欧异极藻 *Gomphonema meridionalum* Kociolek et Thomas

▶**形态特征：** 壳面呈披针状菱形，上下两端不对称，两侧对称。中央区较明显，具有明显的中央节，具1个孤点。线纹由点纹组成，线纹呈辐射状排列，在每10μm内有11 ~ 13条。细胞长19 ~ 58μm，宽4 ~ 7.5μm（图2-34）。

中国新记录种。

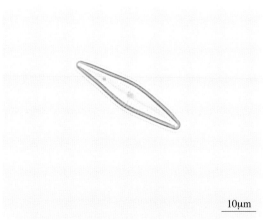

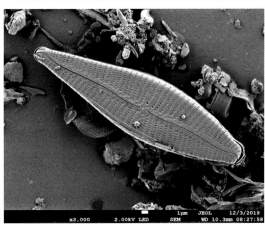

图2-34 南欧异极藻 *Gomphonema meridionalum*

羽纹纲 Pennatae

管壳缝目 Aulonoraphidinales

菱形藻科 Nitzschiaceae

菱形藻属 Nitzschia Grunow

▶**分类依据**：植物体多为单细胞，或形成带状或星状的群体，或生活在分枝或不分枝的胶质管中，浮游或附着。细胞纵长，直或"S"形，壳面线形、披针形，罕为椭圆形。壳面一侧具龙骨突起，龙骨突起上具管壳缝，管壳缝内壁具许多通入细胞内的小孔，称"龙骨点"，龙骨点明显，一排龙骨点，形成龙骨突上下两个壳的龙骨突起彼此交叉相对，具小的中央节和极节，壳面具横线纹。细胞壳面和带面不成直角，因此横断面呈菱形。色素体侧生、带状，2个，少数4～6个。2个母细胞原生质体分裂分别形成2个配子，成对配子结合形成2个复大孢子。

▶**生境特征**：菱形藻很常见，生长在淡水、咸水和海水中。

▶**代表种类**：

（1）两栖菱形藻 *Nitzschia amphibia* Grunow

▶**形态特征**：细胞小型。壳面线形到披针形，两端短楔形，逐渐狭窄，末端呈尖圆形。龙骨点在10μm内有14～25条。带面长方形。细胞长10～50μm，宽2.5～5μm（图2-35）。

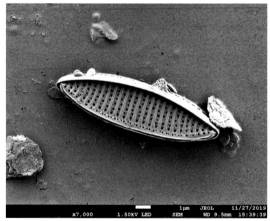

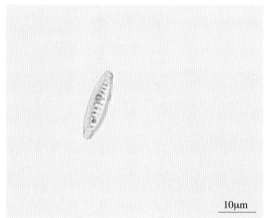

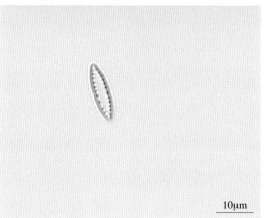

图2-35　两栖菱形藻 *Nitzschia amphibia*

（2）中型菱形藻*Nitzschia intermedia* Hantzsch, Cleve et Grunow

▶**形态特征**：壳面线形，两端逐渐变窄呈喙状。龙骨突一般与多条线纹相连，在每10μm内有10个。横线纹呈平行状排列，在每10μm内有30条。细胞长50～70μm，宽3～5μm（图2-36）。

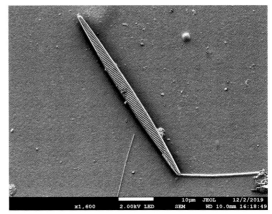

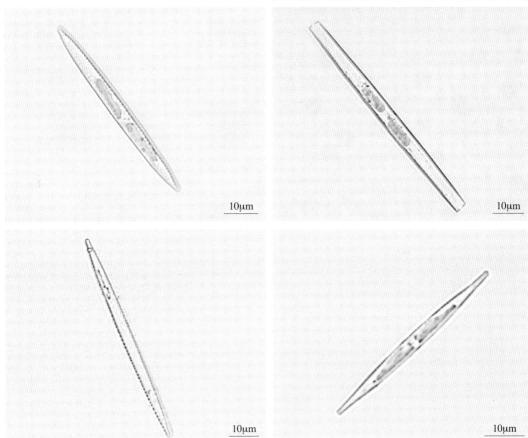

图2-36　中型菱形藻*Nitzschia intermedia*

（3）常见菱形藻*Nitzschia solita* Hustedt

▶**形态特征**：壳面披针形到窄披针形，朝两端楔形减小，末端尖喙状。龙骨突点状，等距排列，中间两个龙骨突距离不增大，在每10μm内有10～11个。横线纹平行排列，在每10μm内有27～28条。细胞长30～37μm，宽4～4.5μm（图2-37）。

（4）亚针尖菱形藻*Nitzschia subacicularis* Hustedt

▶**形态特征：**细胞长20～80μm，宽1.5～3μm。壳面线形披针形，小个体也呈披针形，两侧边缘在中间平行或略凸，两端可延长至很长，呈窄喙状。管壳缝位于壳面一侧的边缘，龙骨小，呈圆点形或正方形。线纹在光镜下可见，在10μm内26～33条（图2-38）。

图2-37　常见菱形藻*Nitzschia solita*　　　　图2-38　亚针尖菱形藻*Nitzschia subacicularis*

（5）谷皮菱形藻 *Nitzschia palea*（Kützing）Smith

▶**形态特征**：壳面线形披针形，朝两端楔形减小，两端呈短喙状、亚喙状或亚头状。龙骨突清晰，在每10μm内有16个。横线纹紧密，光镜下不容易看清楚，在10μm内有30 ～ 40条。细胞长20 ～ 65μm，宽2.5 ～ 5.5μm（图2-39）。

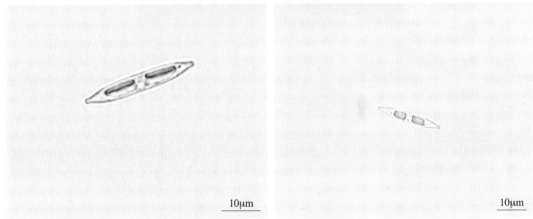

图2-39　谷皮菱形藻 *Nitzschia palea*

（6）费拉扎菱形藻 *Nitzschia Ferrazae* Cholnoky sp. nov.

▶**分类依据**：壳面线形披针形，两端呈亚头状。龙骨突不明显。横线纹紧密，光镜下不容易看清楚，在10μm内有8 ～ 10条。细胞长50 ～ 175μm，宽3 ～ 5μm（图2-40）。
中国新记录种。

盘杆藻属 *Tryblionella* Smith

▶**分类依据**：细胞单生。该属细胞壳面沿纵轴对称，壳面宽大，线性、椭圆形或提琴形。壳表面波状，线纹单排至多排，通常被一至多条胸骨断开。壳缝系统靠近壳面边缘，具有扁块状龙骨突。壳缝关于壳面呈对角线对称。中缝端距离近（偶尔缺失）。带面窄，由断开的环带组成。

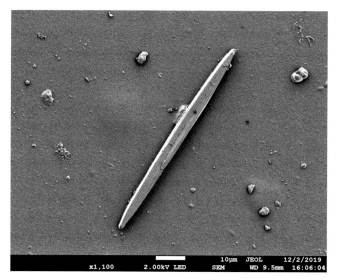

图2-40　费拉扎菱形藻 *Nitzschia ferrazae*

▶**生境特征**：本属植物分布于高电导率的淡水中，咸水和海水中不常见。附着于沉积物或污泥中。

▶**代表种类**：

（1）细尖盘杆藻 *Tryblionella apiculata* Gregory

▶**形态特征**：细胞长20～50μm，宽5～8μm。壳面宽线性，在中间略收缩，两端呈尖形或亚头状，偶尔楔形。壳面中间具纵向的隔板，且延长至壳面顶端。横向线纹明显，但由于隔板的存在而形成间断，10μm内有17～20条（图2-41）。

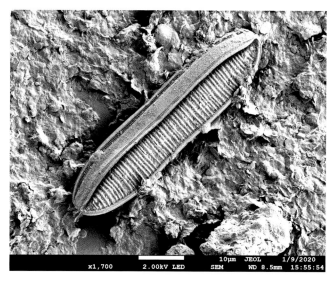

图2-41　细尖盘杆藻 *Tryblionella apiculata*

羽纹纲Pennatae

管壳缝目Aulonoraphidinales

双菱藻科Surirellaceae

双菱藻属*Surirella* Turpin

▶**分类依据**：植物体为单细胞，浮游；壳面线性、椭圆形、卵圆形或披针形，平直或螺旋状扭曲，中部缢缩或不缢缩，两端同形或异形，上下两个壳面的龙骨及翼状构造围绕整个壳缘，龙骨上具管壳缝，在翼沟内的管壳缝通过翼沟与细胞内部相连，管壳缝内壁具龙骨点，翼沟通称肋纹，横肋纹或长或短，肋纹间具明显或不明显的横线纹，横贯壳面，壳面中部具明显或不明显的线形或披针形的空隙；带面矩形或楔形；色素体侧生，片状，1个。

▶**生境特征**：此属种类较多，生长在淡水、半咸水中，海水中的种类少，多产于热带、亚热带地区。本属在河南省养殖池塘中仅有1种记录。

▶**代表种类**：

（1）微小双菱藻*Surirella minuta* Brébisson et Kützing

▶**形态特征**：壳面线形椭圆形，一端呈宽圆形，另一端呈楔形。长27～28μm，宽9～13μm。龙骨突在每10μm内有6～8个，线纹在光镜下看不清楚（图2-42）。

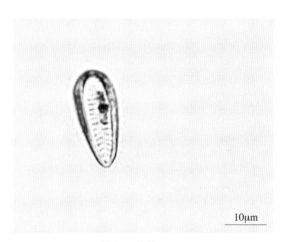

10μm

图2-42 微小双菱藻*Surirella minuta*

3 隐 藻 门

Cryptophyta

隐藻门简介：

隐藻绝大多数为单细胞。多数种类具鞭毛，极少数种类无鞭毛。具鞭毛的种类呈长椭圆形或卵形，前端较宽，钝圆或斜向平截，显著纵扁，背侧略凸，腹侧平直或略凹入。腹侧前端偏于一侧具向后延伸的纵沟。有的种类具1条口沟，自前端向后延伸。纵沟或口沟两侧常具多个超微结构很特殊的刺丝胞，有的种类不具有刺丝胞。鞭毛2条，不等长，自腹侧前端伸出，或生于侧面。具1个或2个大型叶状色素体，被膜由2层膜组成，外层与内质网膜或细胞核内质网连接。在色素体和色素体内质网膜之间有一特殊结构——核形体，它被认为是内共生物退化的细胞核。光合色素体中除含有叶绿素a、叶绿素c外，还含有位于类囊体腔内的藻胆素。色素体多为黄绿色或黄褐色，也有为蓝绿色、绿色或红色；有些种类无色素体。具蛋白核或无。贮存物质为淀粉和油滴。细胞单核，伸缩泡位于细胞前端。

繁殖除极少数种为有性生殖外，绝大多数种为细胞纵分裂。

本章的鉴定工作主要依据胡鸿钧和魏印心主编的《中国淡水藻类——系统、分类及生态》及一些国内外公开发表的重要参考文献。在河南养殖池塘中，隐藻尽管种类较少，但分布十分广泛，丰度也不小。本章记录了隐藻门中1科1属2种的隐藻。本章总共收集了5幅精美藻类原色照片。

隐藻门（Cryptophyta）

本门仅1纲，为隐藻纲。此纲分为5科，我国记载的仅1科——隐鞭藻科。此科常见有2个属。

隐鞭藻科分属检索表

1.纵沟和口沟不明显；色素体多为1个，常为蓝绿色……………………………………………… 蓝隐藻属

2.纵沟和口沟明显；色素体多为2个，常为黄褐色或有时红色…………………………………… 隐藻属

隐藻纲（Cryptophyceae）

隐藻目（Cryptomonadales）

隐鞭藻科（Cryptomonadaceae）

隐藻属（*Cryptomonas*）

隐藻纲Cryptophyceae

隐藻目Cryptomonadales

隐鞭藻科Cryptomonadaceae

隐藻属*Cryptomonas* Ehrenberg

▶**分类依据**：细胞椭圆形、豆形、卵形、圆锥形、纺锤形或"S"形。背腹扁平，背部明显隆起，腹部平直或略凹入。多数种类横断面呈椭圆形，少数种类呈圆形或显著扁平。细胞前端钝圆或为斜截形，后端为宽或狭的钝圆形。具明显的口沟，位于腹侧。鞭毛2条，自口沟伸出，鞭毛通常短于细胞长度。具刺丝胞或无。液泡1个，位于细胞前端。色素体2个，位于背侧或腹侧或位于细胞的两侧面，黄绿色、黄褐色或有时为红色，多数具1个蛋白核，也有具2～4个的，或无蛋白核。单个细胞核，在细胞后端。繁殖方法为细胞纵分裂，分裂时细胞停止运动，分泌胶质，核先分裂，原生质体自口沟处分成两半。

▶**生境特征**：喜生活于富营养化的静水水体。

▶**代表种类**：

（1）卵形隐藻*Cryptomonas ovate* Ehrenberg

▶**形态特征**：细胞椭圆形或长卵形，通常略弯曲。前端明显呈斜截形，顶端呈角状或宽圆，大多数为斜的凸状；后端为宽圆形。细胞多数略扁平。纵沟、口沟明显，口沟达细胞的中部，有时近于细胞腹侧，直或很明显地弯向腹侧。细胞前端近口沟处常具2个卵形的反光体，位于口沟背侧，或者1个在背侧一个在腹侧。具2个色素体，有时边缘具缺刻，橄榄绿色，有时为黄褐色，罕见黄绿色。鞭毛2条，几乎等长，多数略短于细胞长度。细胞大小变化很大，通常长20～80μm，宽6～20μm，厚5～18μm（图3-1）。

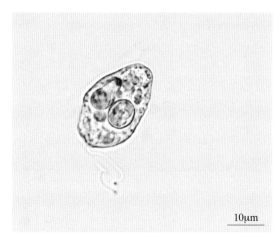

10μm

图3-1　卵形隐藻*Cryptomonas ovate*

（2）啮蚀隐藻*Cryptomonas erosa* **Ehrenberg**

▶**形态特征：**细胞倒卵形到近椭圆形，前端背角突出略呈圆锥形，顶部钝圆。纵沟有时很不明显，但常较深。后端大多数渐狭，末端狭钝圆形。背部大多数明显凸起，腹部通常平直，极少略凹入的。细胞有时弯曲，罕见扁平。口沟只达到细胞中部，很少达到后部；口沟两侧具刺丝胞。鞭毛与细胞等长。色素体2个，绿色、褐绿色、金褐色或淡红色，罕见紫色。贮存物质为淀粉粒，常为多数，盘形，双凹入，卵形或多角形。细胞宽8～16μm，长15～32μm（图3-2）。

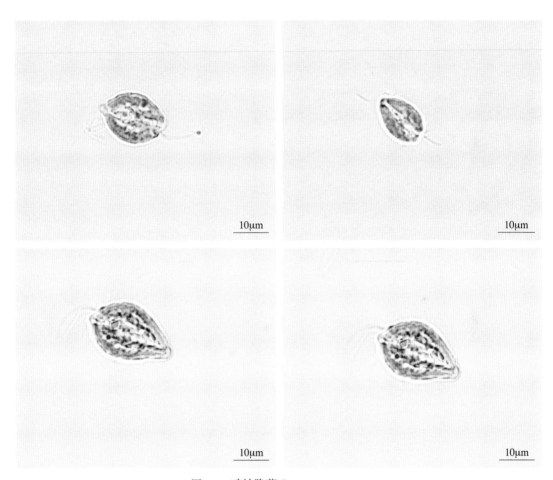

图3-2　啮蚀隐藻*Cryptomonas erosa*

4 甲 藻 门
Dinophyta

甲藻门简介：

甲藻门绝大多数种类为单细胞，极少呈丝状，细胞球形到针状，背腹扁平或左右侧扁；细胞裸露或具细胞壁，壁薄或厚而硬。纵裂甲藻类，细胞壁由左右2片组成，无纵沟或横沟。横裂甲藻类壳壁由许多小板片组成；板片有时具角、刺或乳头状突起，板片表面常具圆孔纹或窝孔纹。大多数种类具1条横沟和纵沟。横沟位于细胞中部，横沟上半部被称为上壳或上锥部，下半部被称为下壳或下锥部。纵沟又称腹区，位于下锥部腹面。具2条鞭毛，顶生或从横沟和纵沟相交处的鞭毛孔伸出。1条为横鞭，带状，环绕在横沟中；1条为纵鞭，线状，通过纵沟向后伸出。极少数种类无鞭毛。色素体包被具3层膜，最重要的光合作用色素为叶绿素a和叶绿素c_2，而无叶绿素b。辅助色素有β-胡萝卜素和几种叶黄素，其中最重要的是多甲藻素。色素体多个，圆盘形、棒状，常分散在细胞表层，棒状色素体常呈辐射状排列，金黄色、黄绿色或褐色；极少数种类无色。有的种类具蛋白核。贮存物质为淀粉和油。少数种类具刺丝胞。有些种类具眼点。具1个大而明显的细胞核，圆形、椭圆形或细长形，致密的染色体在整个生活史中持续存在，染色体不含或极少量含有碱性蛋白。这种细胞核被称为甲藻细胞核或间核。

细胞分裂是甲藻最普遍的繁殖方式。有的种类可以产生动孢子、似亲孢子或不动孢子。有性生殖只在少数种类发现，为同配式。

本章的鉴定工作主要依据《中国淡水藻志》，此外还参考了胡鸿钧和魏印心主编的《中国淡水藻类——系统、分类及生态》及一些国内外公开发表的重要参考文献。在河南养殖池塘中，甲藻分布不多，种类也较少。本章仅记录甲藻门中3科3属3种的甲藻。本章总共收集了8幅精美藻类原色照片。

甲藻是一类重要的浮游藻类，还有少数寄生在鱼类、桡足类及其他无脊椎动物体内。甲藻和硅藻是水生动物的主要饵料。但是，如果甲藻过量繁殖常使水色变红，养殖池塘中会形成彩云状的水华。形成水华的种类有多甲藻、裸甲藻等属。由于赤潮中甲藻细胞密度很大，藻体死亡后，滋生大量的腐生细菌，细菌的分解作用使水体溶氧快速降低，并产生有毒物质，加之有的甲藻能分泌甲藻毒素，所以水华发生后会造成养殖鱼、虾等水生动物大量死亡，对渔业危害很大。

甲藻门（Dinophyta）

本门仅1纲。根据Popovsky和Pfiester分类系统，此纲分为5个亚纲。已报道的淡水甲藻类均属于甲藻亚纲。甲藻亚纲分为多甲藻目和球甲藻目。本书仅涉及甲藻亚纲——多甲藻目。

多甲藻目分科检索表

1.细胞壁常由大小相等的板片组成 ·· 2

1.细胞壁由大小不等的板片组成，每种的上壳板片数目恒定 ······················ 3

2.上壳腹面无龙骨突起 ··· 裸甲藻科（Gymnodiniaceae）

2.细胞壁常由多数六角形板片组成，上壳腹面常有孔 ·········· 沃氏甲藻科（Woloszynskiaceae）

3.细胞前端和后端无粗大的角，板片程式为：4（~3）′，3（~2~1~0）a，7（~6）″；5‴
··· 多甲藻科（Peridiniaceae）

3.细胞具1个粗大的前角和2~3个后角，板片程式为：4′0a，5″，4‴，2‴′ ···············
··· 角甲藻科（Ceratiaceae）

甲藻纲（Dinophyceae）

多甲藻目（Peridiniales）

裸甲藻科（Gymnodiniaceae）

薄甲藻属 （*Glenodinium*）

多甲藻科（Peridiniaceae）

拟多甲藻属（*Peridiniopsis*）

角甲藻科（Ceratiaceae）

角甲藻属（*Ceratium*）

甲藻纲Dinophyceae

多甲藻目Peridiniales

裸甲藻科Gymnodiniaceae

薄甲藻属Glenodinium Stein

▶**分类依据**：细胞球形到长卵形，近两侧对称，横断面椭圆形或肾形，不侧扁。具明显的细胞壁，大多数为整块，少数由三角形的大小不等的板片组成，上壳板片数目不定，下壳规则的由5块沟后板和2块底板组成。板片表面通常为平滑的，无网状窝孔纹，有时具乳头状突起。横沟中间位或略偏于下壳，环状环绕，无或很少有螺旋环绕的。纵沟明显。色素体多数，盘状，金黄色到暗褐色。有的种类具眼点（位于纵沟处）。营养繁殖通常是细胞分裂。厚壁孢子球形、卵形或多角形，具硬的壁。

▶**生境特征**：淡水产。

▶**代表种类**：

（1）薄甲藻*Glenodinium pulvisculus* Stein

▶**形态特征**：细胞近球形，前后两端宽圆，后端有时较狭窄。上壳和下壳几乎相等。横沟略左旋，边缘略突出，纵沟直达末端。细胞壁薄。色素体多数，圆盘形。无眼点。细胞长20～23μm，宽16～19μm。真性浮游种类，分布广泛，常在春季和冬季温度低的水体中出现（图4-1）。

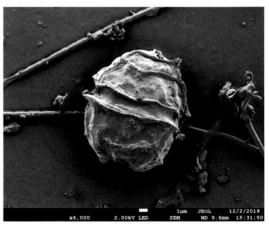

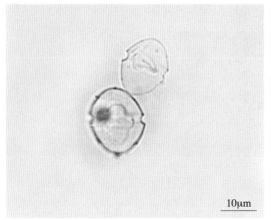
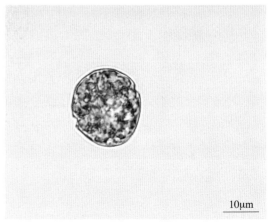

图4-1　薄甲藻*Glenodinium pulvisculus*

甲藻纲Dinophyceae

多甲藻目Peridiniales

多甲藻科Peridiniaceae

拟多甲藻属*Peridiniopsis* Lemmermann

▶**分类依据:** 细胞椭圆形或圆球形的。下锥部等于或小于上锥部。板片可以具刺、似齿状突起或翼状纹饰。板片程式为:(3 ~ 5)′,(0a ~ 1a),(6 ~ 8)″,5‴,2⁗。

▶**生境特征:** 湖泊和池塘等静水水体中常见。

▶**代表种类:**

(1)坎宁顿拟多甲藻*Peridiniopsis cunningtonii* Lemm.

▶**形态特征:** 细胞卵形,背腹明显扁平,具顶孔。上锥部圆锥形,显著大于下锥部。横沟左旋,纵沟深入上锥部,向下明显加宽,未达到下壳末端。板片程式为:5′,0a,6″,5‴,2⁗。上锥部具6块沟前板,1块菱形板,2块腹部顶板,2块背部顶板。下锥部第1、2、4、5块沟后板各具1刺,2块底板各具1刺,板片具网纹,板间带具横纹。色素体黄褐色。细胞宽15 ~ 27.5μm,长20 ~ 32.5μm,厚15 ~ 22.5μm。厚壁孢子卵形,壁厚(图4-2)。

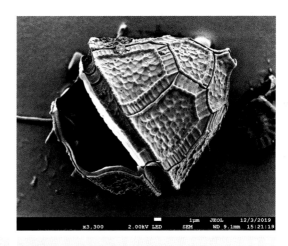

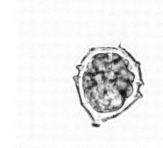

图4-2 坎宁顿拟多甲藻 *Peridiniopsis cunningtonii*

甲藻纲 Dinophyceae

多甲藻目 Peridiniales

角甲藻科 Ceratiaceae

角甲藻属 *Ceratium* Schrank

▶ **分类依据**：单细胞，细胞具1个顶角和2～3个底角。顶角末端具顶孔，底角末端开口或封闭。横沟位于细胞中央，环状或略呈螺旋状，左旋或右旋。板片程式为：4′，5″，5‴，2⁗，无前后间插板；顶板联合组成顶角，底板组成1个底角，沟后板组成另一个底角。壳面具网状窝孔纹。色素体多数，小颗粒状，金黄色、黄绿色或褐色。具眼点或无。

▶ **生境特征**：此属淡水种类不多。

▶ **代表种类**：

（1）角甲藻 *Ceratium hirundinella*（Müll.）Schr.

▶ **形态特征**：细胞背腹显著扁平。顶角狭长，平直而尖，具顶孔。底角2～3个，放射状，末端多数尖锐，平直，或呈各种形式的弯曲。有些类型其角或多或少地向腹侧弯曲。横沟几乎呈环状，极少呈左旋或右旋，纵沟不伸入上壳，较宽，几乎达到下壳末端。壳面具粗大的窝孔纹，孔纹间具短的或长的棘。色素体多数，圆盘状周生，黄色至暗褐色。细胞长90～450μm（图4-3）。

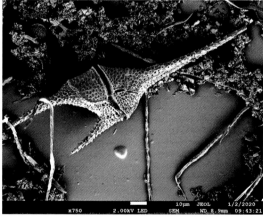

图4-3　角甲藻 *Ceratium hirundinella*

5 裸 藻 门

Euglenophyta

裸藻门简介：

裸藻门藻类绝大多数为单细胞，只有极少数是由多个细胞聚集成的不定群体。裸藻门藻类之所以被称为裸藻，是因为细胞没有细胞壁。质膜下的原生质体外层特化为表质，也称为周质体。表质由平而紧密结合的线纹组成，这些线纹多数以旋转状围绕着藻体。表质线纹的走向是裸藻分类的一个重要依据。

裸藻细胞的前部，有一个特殊、瓶装的"沟－泡"结构，它是鞭毛伸出体外的通道。"沟－泡"结构的下部扩大呈球形或梨形，称为"裸藻泡"，也称为"储蓄泡"。紧靠裸藻泡常有一个具有渗透调节器作用的伸缩泡，它可以把细胞吸收的过剩水分及代谢废物通过"沟－泡"结构排出体外。

裸藻门藻类绝大多数在营养期具有明显的鞭毛，仅极少数种类在生活周期的大部分时间内鞭毛脱落，营附着生活，但在"沟－泡"结构内仍保留有鞭毛的残根，当附着的细胞从基质上脱离时，仍可重新长出鞭毛。裸藻的鞭毛基数是2条，几乎是不等长的。1条伸向前方作游动，称为游动鞭毛，另1条退化成残根保留在"沟－泡"结构内。因此，在裸藻中，所谓的单鞭毛类型，实际上是双鞭毛类型退化的结果。

眼点和副鞭体是裸藻中特有的结构——光感受器，可以对光做出相应的反应。眼点紧靠"沟－泡"结构的壁上，由20～50个红色颗粒组成，内含α-胡萝卜素、β-胡萝卜素的衍生物及其他几种叶黄素。副鞭体位于眼点相对应的游动鞭毛基部，在鞭毛膜内、靠近鞭毛轴丝隆起而形成的一个晶状体组织，使它们具有趋光作用。

裸藻的细胞核较为特殊。虽然它们属于真核类型，但却具有非常明显的间核性质，不少性状与甲藻的细胞核相似。

大多数种类的裸藻具有色素体，色素成分与绿藻几乎完全相同。蛋白核是裸藻类色素体中的一个重要组成，是光合作用的同化产物所包围形成的鞘状结构，有极少数种类的蛋白核是裸露的，缺乏副淀粉鞘。部分裸藻没有蛋白核结构。除光合色素外，裸藻属（*Euglena*）中的一些种类在细胞内存在红色的非光合色素，称裸藻红素，它的主要成分是四酮基-β-胡萝卜素。

裸藻植物的色素体有无、形状和蛋白核的有无及形状都是其重要的分类依据。副淀粉粒的形状也是裸藻门鉴定种类的一个重要依据。

　　有部分裸藻，在其胞外具有一个壳状的特殊结构称为囊壳。它是由细胞内黏质体分泌的胶质交织并矿化形成的，其前端具有圆形的鞭毛孔，表面平滑或具有点纹、刺、瘤突等纹饰。它的形成在初期主要是胶质，薄而无色，随着铁、锰化合物的沉积，矿化程度不断加强而逐步增厚，并呈黄、橙、褐色。囊壳的形状及其纹饰也是裸藻的重要分类依据。

　　裸藻的繁殖很简单，由细胞纵分裂进行无性繁殖，虽曾有过关于配子结合形成合子的有性生殖过程的报道，但至今仍未获得充分证实。尽管如此，裸藻中仍发现有类似于有性生殖过程的现象，即有核的减数分裂和子核融合的现象，并得以证实。在环境不良条件时，有些种类可以形成孢囊。孢囊多数呈球状，表明具有较厚的胶质被，许多孢囊聚合在一起形成与衣藻类相似的胶群体，胶群体一般是膜状的，但也有发现是团块状的。

　　本章的鉴定工作主要依据施之新先生主编的《中国淡水藻志——第六卷》，此外还参考了 Von G. Huber-Pestalozzi 主编的《DAS PHYTOPLANKTON DES SUSSWASSERS—— BAND XVI》及一些国内外公开发表的重要参考文献。对于裸藻来说，形态的变异十分突出。对于变异较大的分类单位，多通过对比一些种类，并对其进行详尽的描述，以说明它们的变异范围；对于形态特征相对稳定的分类单位，并选择一个最典型的标本进行描述和绘图。本章的撰写得到了上海师范大学王全喜教授和姜小蝶博士的关心和指导，对于他们的付出表示崇高的敬意和衷心的感谢。

　　在河南养殖池塘中，裸藻分布广泛，且种类繁多，有时可见在一些水体中形成的裸藻水华。在调查过程中常见的裸藻有：尾裸藻小型变种（*Euglena caudate* var. *minor*）、梭形裸藻（*Euglena acus*）、纺锤裸藻（*Euglena polymorpha*）、尖尾扁裸藻（*Phacus acuminatus*）、截头囊裸藻小型变种（*Trachelomonas abrupta*）等。本章总共记录裸藻门中2科7属54种（变种）的裸藻，其中可能为新种的裸藻5种，中国新记录种1种。本章总共收集了101幅精美藻类原色照片。

　　大多数裸藻是水生动物的天然饵料，但一些裸藻可以产生裸藻毒素，对养殖性水体具有严重危害。

裸藻门（Euglenophyta）

裸藻门分类体系是Pascher于1931年最早提出的，是目前广泛采用的分类体系。
本门只有1个纲——裸藻纲（Euglenophyceae）。本纲仅1目——裸藻目（Euglenales）。

裸藻目（Euglenales）

裸藻目根据细胞形态、表质硬化程度、鞭毛特征、光感受器及营养方式分为6个科。

分科检索表

1. 吞噬性营养 ··· 2
1. 渗透性营养（腐生）或光合自养 ······················· 3
2. 具明显的杆状器 ···································· 袋鞭藻科（Peranemaceae）
2. 无杆状器 ··· 瓣胞藻科（Petalomonadaceae）
3. 鞭毛2条，动力学特征不同 ··································· 4
3. 鞭毛超过2条，动力学特征相同 ·············· 裸形藻科（Euglenamorphaceae）
4. 2条鞭毛均伸出体外 ······························· 双鞭藻科（Eutreptiaceae）
4. 仅1条鞭毛伸出体外 ··· 5
5. 残留在体内的鞭毛残根明显 ····················· 裸藻（Euglenaceae）
5. 残留在体内的鞭毛残根不明显 ·············· 杆胞藻科（Rhabdomonadaceae）

裸藻纲（Euglenophyceae）

裸藻目（Euglenales）

袋鞭藻科（Peranemaceae）

袋鞭藻属（*Peranema*）

异丝藻属（*Heteronema*）

裸藻科（Euglenaceae）

裸藻属（*Euglena*）

囊裸藻属（*Trachelomonas*）

扁裸藻属（*Phacus*）

鳞孔藻属（*Lepocinclis*）

陀螺藻属（*Strombomonas*）

裸藻纲Euglenophyceae

裸藻目Euglenales

袋鞭藻科 Peranemaceae

袋鞭藻属 *Peranema* Dujardin

▶**分类依据**：细胞活跃易变形，在游动时形状较为稳定。表质具线纹，多数螺旋形，少数几乎成纵向。副淀粉粒少，多少不定。鞭毛2条：游泳鞭毛粗长，伸向前方，仅端部呈波状颤动；拖曳鞭毛短于体长，由于紧贴细胞表面而不易见到。伸缩泡1至多个。杆状器明显，位于"沟－泡"附近。核明显，中位或偏后位。无色素体，以动物性的吞噬营养为主。

▶**生境特征**：淡水产。

▶**代表种类**：

（1）弯曲袋鞭藻 *Peranema deflexum* Skuja

▶**形态特征**：细胞游动时呈倒大头棒形，略弯曲，前端狭窄呈尖形或钝尖形，后端宽圆形。表质具自左上向右下旋转的细线纹。副淀粉粒小，椭圆形或球形，较多。游泳鞭毛为体长的1.2～1.5倍，拖曳鞭毛难见到。杆状器明显。核椭圆形，中位。细胞长20～50μm，宽5～15μm（图5-1）。

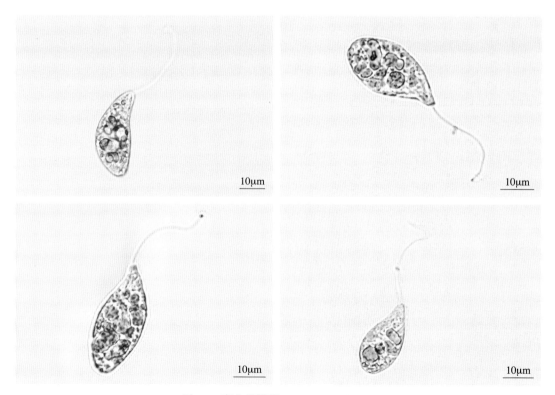

图5-1　弯曲袋鞭藻 *Peranema deflexum*

异丝藻属 *Heteronema* Stein

▶ **分类依据**：细胞表质柔软，形态易变，在游动状态细胞充分伸展时常呈圆柱形或纺锤形。表质具螺旋形的线纹或脊纹。具不等长的双鞭毛：游泳鞭毛粗壮且长，伸向前方，并呈波状颤动；拖曳鞭毛较游泳鞭毛细而短，向后。前端的"沟-泡"结构附近具有杆状器。无色素体，以动物性的吞噬营养为主。

▶ **生境特征**：生活于营养质丰富的小型水体中。

▶ **代表种类**：

（1）平截异丝藻 *Heteronema abruptum* Skuja

▶ **形态特征**：细胞易变，游泳状态时常为锥状卵圆形，前端渐窄呈楔形，后端平截。副淀粉粒小，多数。游泳鞭毛约为体长的2倍，拖曳鞭毛约与体长相等。杆状器明显。核圆形，偏后位。细胞长26～30μm，宽18～20μm（图5-2）。

（2）纺锤异丝藻 *Heteronema fusiforme* Shi

▶ **形态特征**：细胞活跃变形，游泳状态时主要呈纺锤形，偶为狭纺锤形，前端略斜截形，后端渐狭呈尖尾状。表质线纹不明显。游泳鞭毛约与体长相等或略长，拖曳鞭毛为体长的1/2～3/4。副淀粉粒小，较多，呈椭圆形或卵圆形。核近球形，中位。细胞长55～80μm，宽10～18μm（图5-3）。

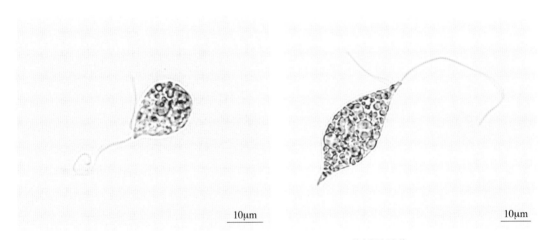

图5-2　平截异丝藻 *Heteronema abruptum* 　　　　图5-3　纺锤异丝藻 *Heteronema fusiforme*

裸藻纲Euglenophyceae

裸藻目 Euglenales

裸藻科 Euglenaceae

裸藻属Euglena Ehrenberg

▶**分类依据**：细胞形状或多或少能变，多为纺锤形或圆柱形，横切面圆形或椭圆形，后端多少延伸成尾状或具尾刺。表质柔软或半硬化，具螺旋形旋转排列的线纹。色素体1至多个，呈星状、盾形或盘形，蛋白核有或无。副淀粉粒呈小颗粒状，数量不等；或为定形大颗粒，2至多个。细胞核较大，中位或后位。鞭毛单条，眼点明显。多数具明显的"裸藻状蠕动"，少数不明显。

▶**生境特征**：大多数淡水产，少数海产。

▶**代表种类**：

（1）**绿色裸藻*Euglena viridis* Ehrenberg**

▶**形态特征**：细胞易变形，常为纺锤形或圆柱状纺锤形，前端圆形或斜截形，后端渐尖成尾状。表质具自左向右的螺旋线纹。色素体呈星状，单个，位于核的中部，具多个放射状排列的条带，长度不等，中央具带副淀粉粒的蛋白核，蛋白核小。副淀粉粒卵形或椭圆形，多数，大多集中在蛋白核周围。核常后位。鞭毛为体长的1～4倍。眼点明显。细胞长31～52μm，宽14～26μm（图5-4）。

（2）**屈膝裸藻*Euglena geniculata* Dujardin**

▶**形态特征**：细胞易变形，常为纺锤形至近圆柱形。前端圆形或斜截形，后端渐尖成尾状或具一短而钝的尾状突起。表质具自左向右的螺旋线纹。色素体星形，2个，分别位于核的前后两端，每个星形色素体由多个条带状色素体辐射排列而成，中央为1个带副淀粉粒的蛋白核。副淀粉粒小颗粒状，大多集中于蛋白核周围，少数分散于细胞中。核中位。鞭毛约与体长相等。眼点明显。细胞长33～80μm，宽8～21μm（图5-5）。

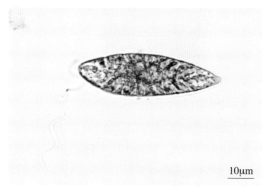

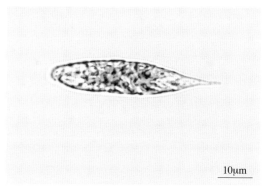

图5-4　绿色裸藻*Euglena viridis*　　　　图5-5　屈膝裸藻*Euglena geniculata*

（3）三星裸藻 *Euglena tristella* Chu

▶**形态特征：**细胞易变形，常为纺锤形至近圆柱形。前端钝圆，后端渐尖呈尾状。表质具自左向右的螺旋线纹。色素体星形，3个，分别位于核的前、中、后部，每1个星形色素体中央为带副淀粉粒的蛋白核，周围具多个放射状排列的色素体条带。副淀粉粒为小卵形或短杆形，大多位于蛋白核周围。核中位。鞭毛约等于体长或略短。眼点明显。细胞长38 ～ 79μm，宽10 ～ 20μm（图5-6）。

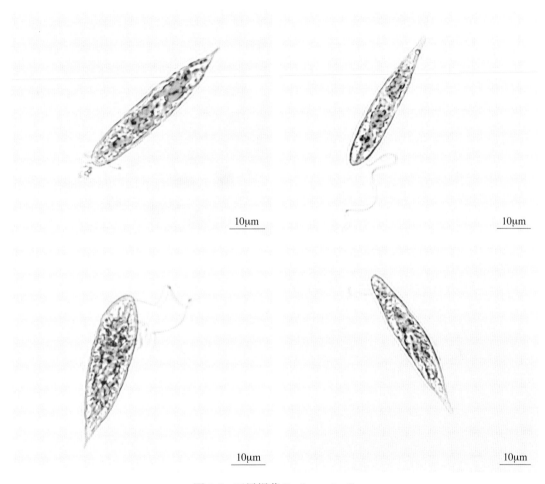

图5-6 三星裸藻 *Euglena tristella*

（4）鱼形裸藻 *Euglena pisciformis* Klebs

▶**形态特征：**细胞易变形，常为纺锤形、纺锤状椭圆形或圆柱形，前端圆形或略斜截，后端圆形或具短尾突。表质具自左向右的螺旋线纹。色素体片状，2 ～ 3个，边缘不整齐，周生并与纵轴平行，各具1个带副淀粉鞘的蛋白核。副淀粉粒小颗粒状，量少。核中位或后位。鞭毛为体长的1 ～ 1.5倍。眼点明显，呈表玻形。细胞长18 ～ 51μm，宽5 ～ 17μm（图5-7）。

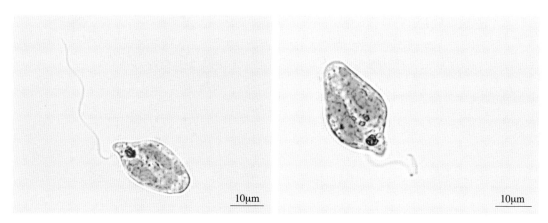

图 5-7　鱼形裸藻 *Euglena pisciformis*

（5）洁净裸藻 *Euglena clara*

▶**形态特征**：细胞易变形，常为椭圆形至椭圆状纺锤形。前端略平截或略斜截，后端圆形或狭圆形。表质螺旋线纹自左向右。色素体圆盘形，6～8个，各具1个带副淀粉鞘的蛋白核。副淀粉粒为卵形或椭圆形小颗粒，多数。核中位。鞭毛略长于体长。细胞长25～48μm，宽10～18μm（图5-8）。

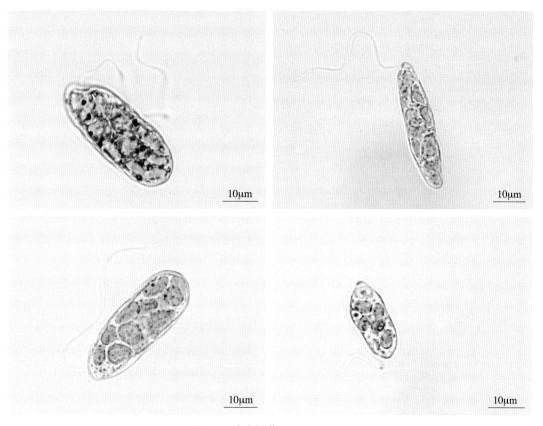

图 5-8　洁净裸藻 *Euglena clara*

（6）纤细裸藻尖尾变种 *Euglena gracilis* var. *acuticauda* Shi

▶**形态特征**：细胞易变形，常为圆柱形，前端圆形，中央略凹入，后端渐窄并伸出一尖尾刺。表质具自左上向右下旋转的螺旋线纹。色素体圆盘形，边缘整齐，8 ~ 10 个，直径 5.5 ~ 6.5μm，各具 1 个带副淀粉鞘的蛋白核。核椭圆形，中位。鞭毛约与体长相等或略短。眼点明显。细胞长 35 ~ 40μm，宽 7 ~ 10μm；尾刺长 3 ~ 6μm（图 5-9）。

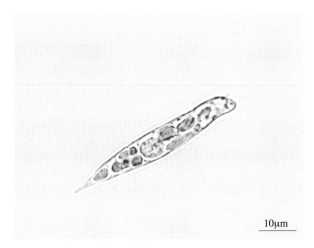

图 5-9　纤细裸藻尖尾变种 *Euglena gracilis* var. *acuticauda*

（7）多形裸藻 *Euglena polymorpha* Dangeard

▶**形态特征**：细胞易变形，常为圆柱状纺锤形或纺锤形，前端狭圆形且略斜截，后端渐细呈短尾状。色素体片状，多个，边缘不整齐，呈瓣裂状，各具 1 个带副淀粉鞘的蛋白核。有时具裸藻红素。副淀粉粒为卵形或环形小颗粒，多数。核中位。鞭毛为体长的 1 ~ 1.5 倍。眼点深红色。细胞长 70 ~ 87μm，宽 7 ~ 25μm（图 5-10）。

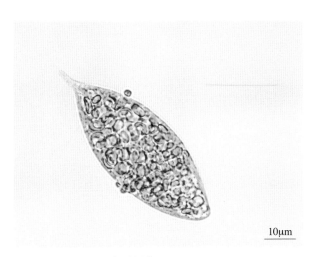

图 5-10　多形裸藻 *Euglena polymorpha*

（8）尾裸藻小型变种 *Euglena caudate* var. *minor* Deflandre

▶**形态特征：** 细胞易变形，常为纺锤形，前端圆形，后端渐细呈尾状。表质具自左向右的螺旋线纹。色素体圆盘形，多数，边缘不整齐，各具1个带副淀粉鞘的蛋白核。副淀粉粒为卵形或椭圆形小颗粒，多数。核中位。鞭毛为体长的1～1.5倍。眼点深红色。细胞长33～55μm，宽19～27μm（图5-11）。

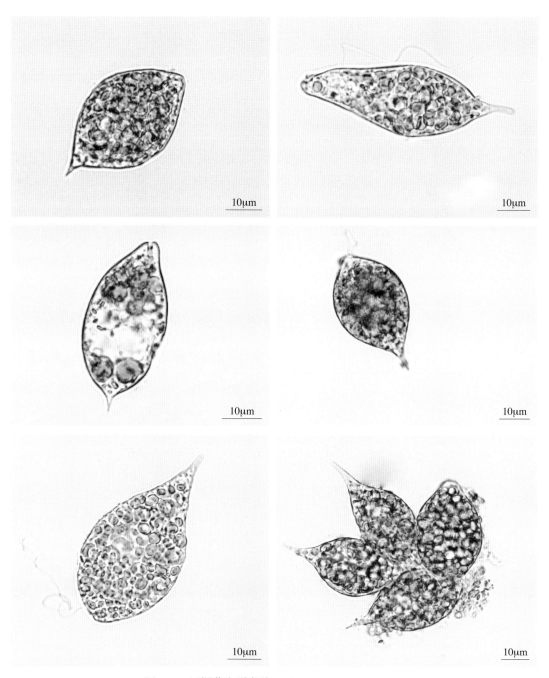

图5-11　尾裸藻小型变种 *Euglena caudate* var. *minor*

（9）尖裸藻 *Euglena acutata* **Shi**

▶**形态特征**：细胞易变形，常为长纺锤形，有时呈螺旋状扭曲。前部圆柱状突出，顶端钝圆，后端渐尖呈尖尾状。表质具自左向右的螺旋线纹。色素体圆盘形，15～20个，各具1个带副淀粉鞘的蛋白核。副淀粉粒为杆形或椭圆形小颗粒，多数。核中位。鞭毛与体长相等或略短。眼点橙红色，椭圆形。细胞长70～108μm，宽10～27μm（图5-12）。

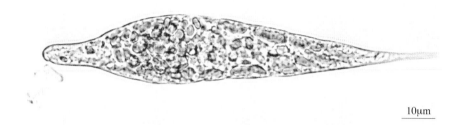

10μm

图 5-12 尖裸藻 *Euglena acutata*

（10）带形裸藻 *Euglena ehrenbergii* **Klebs**

▶**形态特征**：细胞易变形，常呈近带形，侧扁，有时扭曲，前后两端圆形，有时截形。表质具自左向右的螺旋线纹。色素体小圆盘形，多数，无蛋白核。副淀粉粒常具1至多个呈杆形的大颗粒（有时大颗粒无），此外还有许多呈卵形或杆形的小颗粒。核中位。鞭毛短，易脱落，为体长的1/16～1/2或更长。眼点明显。细胞长80～375μm，宽9～66μm（图5-13）。

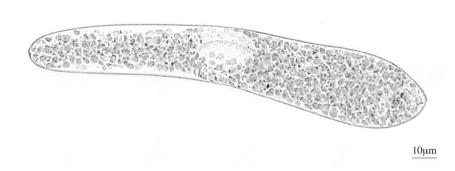

10μm

10μm

图 5-13 带形裸藻 *Euglena ehrenbergii*

（11）中型裸藻 _Euglena intermedia_（Klebs）Schmitz

▶**形态特征**：细胞易变形，常为圆柱形，前端渐狭或钝尖形，后端圆形具短尾突。表质线纹不明显。色素体圆盘形，多数，无蛋白核。副淀粉粒常为多个较大的呈杆形、砖形（罕为环形）的颗粒，此外还有一些杆形或卵形的小颗粒。核中位。鞭毛短，为体长的1/7 ～ 1/4。眼点紫红色。细胞长60 ～ 173μm，宽7 ～ 20μm（图5-14）。

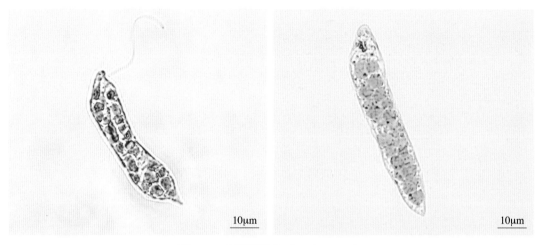

图5-14　中型裸藻 _Euglena intermedia_

（12）变异裸藻 _Euglena variabilis_ Klebs

▶**形态特征**：细胞易变形，常为短圆柱形，纺锤形或卵圆形，前端略窄，圆形或平截，后端尖或宽圆形，有时具短的尾状突起。表质线纹不明显。色素体多数，圆盘形，边缘整齐，无蛋白核。副淀粉粒为椭圆形或杆形小颗粒，多数。核偏后位。鞭毛为体长的1.5 ～ 2倍。眼点明显。细胞长19 ～ 40μm，宽7 ～ 18μm（图5-15）。

（13）纺锤裸藻 _Euglena fusiformis_ Shi

▶**形态特征**：细胞易变形，常为宽纺锤形，前部圆柱形，顶端略平截，后端渐细成尾状，中部膨大。表质具自左向右的螺旋细线纹。色素体圆盘形，较

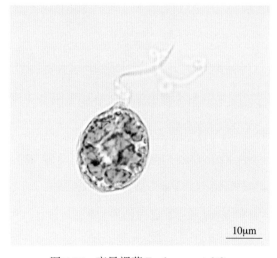

图5-15　变异裸藻 _Euglena variabilis_

大，直径大于5μm，3 ～ 4个。核近中位。鞭毛略长于体长。眼点明显，椭圆形。细胞长24 ～ 30μm，宽10 ～ 15μm（图5-16）。

（14）近轴裸藻英吉利变种 _Euglena proxima_ var. _anglesia_ Pringsheim

▶**形态特征**：细胞易变形，常为长圆柱形，后端渐细呈尖尾状。表质具自左向右的螺

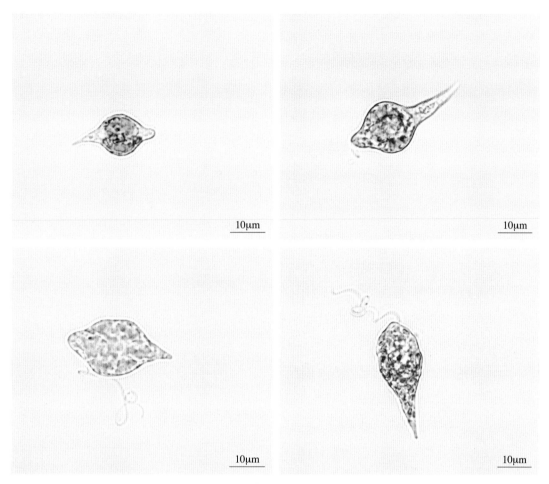

图5-16　纺锤裸藻 *Euglena fusiformis*

旋线纹。色素体小圆盘形，直径小于4μm，多数，无蛋白核。副淀粉粒为卵形小颗粒，多数。核中偏后位。鞭毛约为体长的1/3。眼点明显。细胞长70～100μm，宽13～15μm（图5-17）。

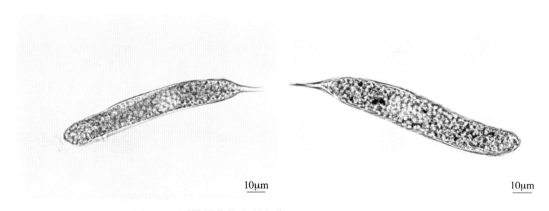

图5-17　近轴裸藻英吉利变种 *Euglena proxima* var. *anglesia*

（15）梭形裸藻 *Euglena acus* Ehrenberg

▶**形态特征**：细胞狭长纺锤形或圆柱形，略能变形，有时可呈扭曲状，前端狭窄呈圆形或截形，有时呈头状，后端渐细呈长尖尾刺。表质具自左向右的螺旋线纹，有时几乎成纵向。色素体小圆盘形或卵形，多数，无蛋白核。副淀粉粒较大，多数（常为十几个），长杆形，有时具卵形小颗粒。核中位。鞭毛较短，为体长的 1/8 ～ 1/2。眼点明显，淡红色。细胞长 60 ～ 195μm，宽 5 ～ 28μm（图 5-18）。

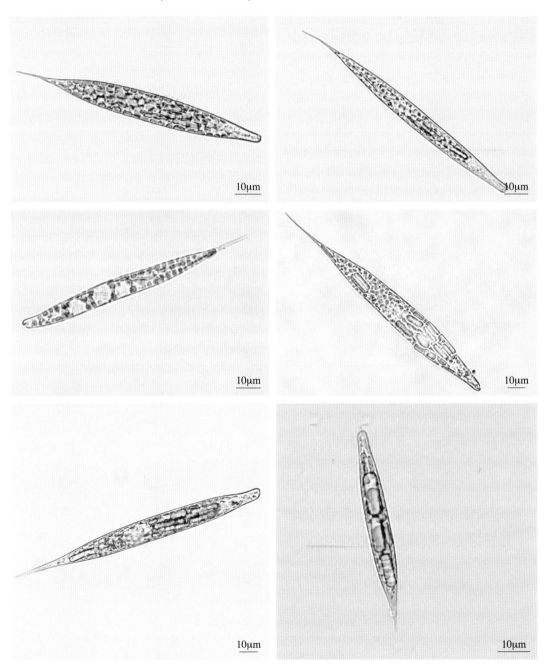

图 5-18　梭形裸藻 *Euglena acus*

（16）旋纹裸藻纺锤变种 *Euglena spirogyra* var. *fusiformis* Deflandre

▶**形态特征**：细胞纺锤形，略能变形，有时可螺旋状扭曲。后端收缢成尖尾刺。表质无色至黄褐色，具自左向右的螺旋珠状颗粒纹路。色素体小盘形，多数，无蛋白核。副淀粉粒中2个大的呈环形，其余为卵形小颗粒。核近中位。具鞭毛，眼点明显。细胞长35～45μm，宽12～20μm（图5-19）。

（17）三棱裸藻 *Euglena tripteris*（Dujardin）Klebs

▶**形态特征**：细胞长，三棱形，略能变形，常沿纵轴扭转，有时直向不扭曲，前端钝圆或呈角锥形，后端渐细或收缢成尖尾刺，横切面为三角形。表质具几乎纵向或自左向右的螺旋线纹。色素体小盘形，多数，无蛋白核。副淀粉粒中2个大的呈长杆形，分别位于核的前后两端，少数位于核的一侧，其余为杆形或卵形小颗粒。核中位。鞭毛为体长的1/8～1/2。眼点明显，桃红色，表玻形或盘形。细胞长55～220μm，宽8～28μm。常生活于各种静水水体中（图5-20）。

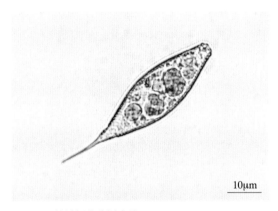

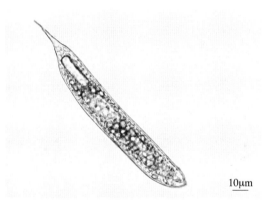

图5-19　旋纹裸藻纺锤变种 *Euglena spirogyra* var. *fusiformis*　　　图5-20　三棱裸藻 *Euglena tripteris*

（18）阿洛格裸藻 *Euglena allorgei* Deflandre

▶**形态特征**：细胞长纺锤形，略变形，前端微凹，具一短纵沟，后端渐尖成尾刺，细胞前部横切面的一侧明显凹入。表质具纵向或几乎成纵向的线纹，有时线纹右偏成自右上向左下旋转的螺旋线纹。色素体小圆盘形，多数，无蛋白核。副淀粉粒为2个大的杆形，分别位于核的前后两端。核中位，椭圆形。细胞长65～80μm，宽10～12μm（图5-21）。

（19）阿洛格裸藻小型变种 *Euglena allorgei* var. *pusilla* Shi

▶**形态特征**：与原变种相比，本种细

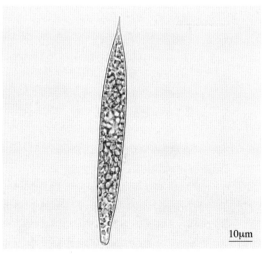

图5-21　阿洛格裸藻 *Euglena allorgei*

胞较小。长50 ~ 63μm，宽10 ~ 15μm。细胞长宽比为4 ~ 6（图5-22）。

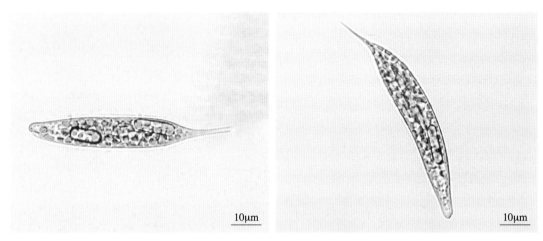

图5-22　阿洛格裸藻小型变种*Euglena allorgei* var. *pusilla*

（20）阿洛格裸藻头状变种*Euglena allorgei* var. *capitata* Shi

▶**形态特征：**与原变种相比，本种细胞前部明显收缢呈头状，线纹有时不明显，细胞较小。长33 ~ 82μm，宽5 ~ 10μm。细胞长宽比为6 ~ 8（图5-23）。

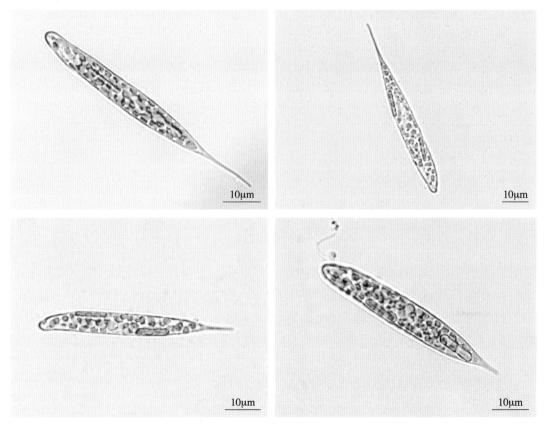

图5-23　阿洛格裸藻头状变种*Euglena allorgei* var. *capitata*

（21）裸藻 *Euglena* sp.

▶ **形态特征：** 细胞狭纺锤形至梭形，前端正面观宽，并略呈斜截形，侧面观窄，并呈尖角形，后端渐尖。表质线纹不明显。色素体小盘形，多数，无蛋白核。副淀粉粒大，2个，呈砖形或杆形。细胞长20～25μm，宽7～8μm。该种与漫游裸藻梭形变种外形略有相似。不同的是，漫游裸藻梭形变种的副淀粉粒呈砖形或杆形，此种呈砖形和环形（图5-24）。

可能为新种。

（22）裸藻 *Euglena* sp.

▶ **形态特征：** 细胞易变形，常为纺锤状，前端狭圆形，后端渐尖呈尖尾状。表质线纹不明显。色素体圆盘形，集中分布于细胞的后部。副淀粉粒为圆环形或椭圆形小颗粒，多数，集中分布于细胞前部。核中位。鞭毛约与体长相等。细胞长43～50μm，宽10～16μm。该种与半透明裸藻外形略有相似。不同的是，半透明裸藻鞭毛为体长的1/3～1/2，而此种鞭毛约与体长相等（图5-25）。

可能为新种。

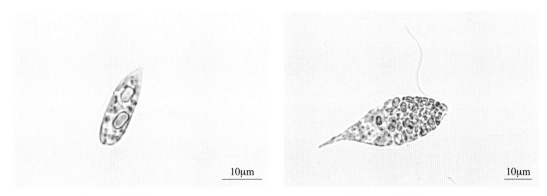

图5-24　裸藻 *Euglena* sp.　　　　　图5-25　裸藻 *Euglena* sp.

囊裸藻属 *Trachelomonas* Ehrenberg

▶ **分类依据：** 细胞外具囊壳。囊壳球形、卵形、椭圆形、圆柱形或纺锤形等形状。囊壳表面光滑或具点孔纹、孔纹、颗粒、网纹、棘刺等纹饰。囊壳由胶质和铁、锰化合物的沉积物组成，由于铁锰成分和沉积量的不同，囊壳呈现出无色、黄色、橙色或褐色，透明或不透明。囊壳的前端具一个圆形的鞭毛孔，有领或无领，有或无环状加厚圈。囊壳内的原生质体裸露无壁，其他特征与裸藻属相似。

以细胞分裂的方式进行繁殖，原生质体在囊壳内行纵分裂，形成两个子细胞，其中一个从鞭毛孔游出，另一个留在囊壳内或也从鞭毛孔中游出，游出的子细胞再逐渐分泌胶质形成新的囊壳。

▶ **生境特征：** 淡水产。

▶ **代表种类：**

（1）旋转囊裸藻 *Trachelomonas volvocina* Ehrenberg

▶ **形态特征：** 囊壳球形，表面光滑。鞭毛孔有或无环状加厚圈，少数具低领。色素体2个，片状，相对侧生，各具1个带副淀粉鞘的蛋白核。囊壳直径10 ～ 25μm（图5-26）。

（2）螺旋囊裸藻 *Trachelomonas spirogyra* Balech

▶**形态特征：**囊壳球形，表面具规则排列的圆孔纹。鞭毛孔无领和加厚圈。囊壳直径13 ～ 15μm（图5-27）。

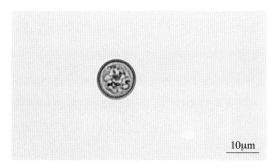 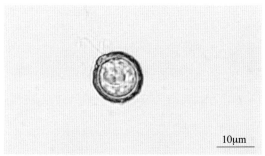

图5-26　旋转囊裸藻 *Trachelomonas volvocina*　　　图5-27　螺旋囊裸藻 *Trachelomonas spirogyra*

（3）矩圆囊裸藻 *Trachelomonas oblonga* Lemmermann

▶**形态特征：**囊壳矩圆形、椭圆形或宽椭圆形，两端宽圆，黄色或黄褐色，表面光滑。鞭毛孔有或无加厚圈，具矮领。囊壳长12 ～ 19μm，宽9 ～ 14μm（图5-28）。

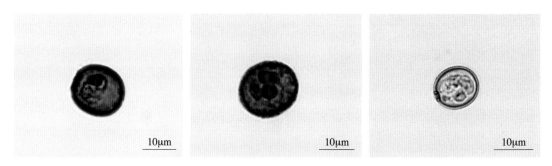

图5-28　矩圆囊裸藻 *Trachelomonas oblonga*

（4）矩圆囊裸藻卵圆变型 *Trachelomonas ovata* Deflandre

本变型与原种的主要区别在于囊壳卵形，前宽后窄。鞭毛孔宽，具一低领。囊壳长12 ～ 14μm，宽9 ～ 10μm（图5-29）。

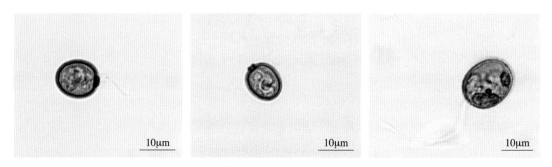

图5-29　矩圆囊裸藻卵圆变型 *Trachelomonas ovata*

（5）具棒囊裸藻具领变种 *Trachelomonas bacillifera* var. *collifera* Huber-Pestalozzi

▶**形态特征**：囊壳长椭圆形，橙黄色或黄褐色，表面具细密的棒刺。鞭毛孔具领，具环状加厚圈，领口有时呈细齿刻状。色素体4个，具蛋白核。囊壳长21～30μm，宽13～20μm，领高1～1.5μm，领宽约5μm。本变种与原变种的主要区别在于鞭毛孔具领（图5-30）。

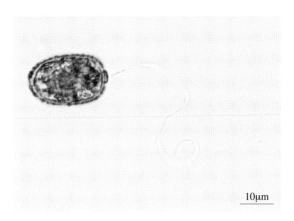

10μm

图5-30　具棒囊裸藻具领变种 *Trachelomonas bacillifera* var. *collifera*

（6）浮游囊裸藻矩圆变种 *Trachelomonas planctonica* var. *oblonga* Drezepolski

▶**形态特征**：囊壳矩圆形，随沉积物的增加颜色会变成褐色，表面具均匀分布的圆孔纹或点孔纹。鞭毛孔具领，领口具不规则齿刻。囊壳长21～30μm，宽15～21μm；领高2.5～3μm，领口宽4～5.5μm（图5-31）。

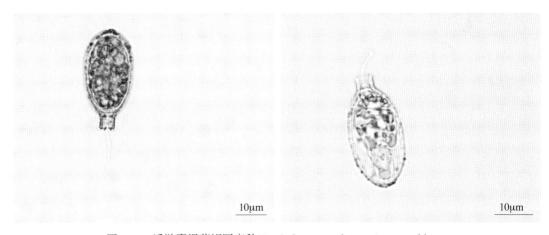

10μm　　　　10μm

图5-31　浮游囊裸藻矩圆变种 *Trachelomonas planctonica* var. *oblonga*

（7）结实囊裸藻矩圆变种 *Trachelomonas felix* Skvortzow

▶**形态特征**：囊壳矩圆形，前端略狭。囊壳的表面具不规则的突起，呈瘤状。鞭毛孔具一矮领或环状加厚圈。囊壳长17～22μm，宽11～15μm（图5-32）。

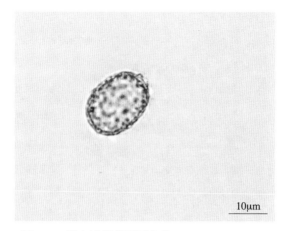

图 5-32　结实囊裸藻矩圆变种 *Trachelomonas felix*

（8）伪泡形囊裸藻 *Trachelomonas pseudobulla* Swirenko

▶**形态特征**：囊壳长椭圆形，前端略截平，后端圆形或略截平，两侧近于平行，浅黄色，表面光滑或具不规则孔纹。鞭毛孔具一截顶锥形的领，领口窄，领基宽，鞭毛孔远小于领基宽度。囊壳长 23～32μm，宽 7～22μm。领高 3～8μm，宽 2～9μm（图 5-33）。

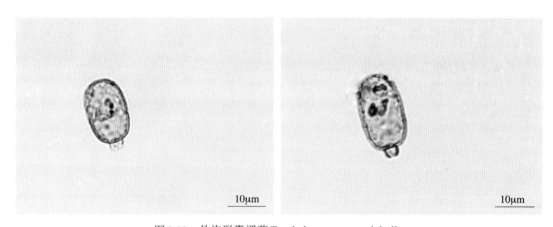

图 5-33　伪泡形囊裸藻 *Trachelomonas pseudobulla*

（9）囊裸藻 *Trachelomonas* sp.

▶**形态特征**：囊壳椭圆形或矩圆状椭圆形，浅黄绿色，表面粗糙，具不规则颗粒。鞭毛孔具长领，领口斜截，略呈漏斗状，领中间略膨大，具环纹。囊壳长约 20μm，宽 10～12μm；领高 3～5μm，宽 3～4μm。此种与马恩吉囊裸藻环纹变种相似。区别在于，马恩吉囊裸藻环纹变种的领不呈漏斗状，但也具有环纹，该种的领略呈漏斗状且具环纹（图 5-34）。

可能为新种。

（10）囊裸藻 *Trachelomonas* sp.

▶**形态特征**：囊壳卵形，橙黄色到黄褐色，表面具颗粒状突起。鞭毛孔小型，无领，外侧具漏斗状冠状环。鞭毛约与体长相等。囊壳长约8μm，宽约6～7μm；冠状环上缘宽3μm，基部宽2μm，高1μm。此种与拟花冠囊裸藻相似。区别在于，拟花冠囊裸藻表面光滑，但该种表面具颗粒状突起（图5-35）。

可能为新种。

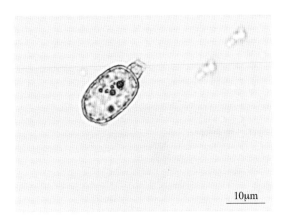

10μm

10μm

图5-34　囊裸藻 *Trachelomonas* sp.　　　　　图5-35　囊裸藻 *Trachelomonas* sp.

扁裸藻属 *Phacus* Dujardin

▶**分类依据**：细胞表质硬化，形状固定，侧扁，形状多样，后端多数具一尾刺。表质具线纹，多数纵向，少数呈螺旋形走向。色素体多数，小盘形，无蛋白核。副淀粉粒常为1～2个大的盘形、环形或假环形，中位或侧位。鞭毛单条。具眼点。无"裸藻状蠕动"。

▶**生境特征**：淡水产。

▶**代表种类**：

（1）螺壳形扁裸藻 *Phacus cochleatus* Pochmann

▶**形态特征**：细胞纺锤状卵圆形或纺锤状椭圆形，前端宽圆，后端渐尖成一直向的长尖尾刺，原生质体成卵圆形，与表质之间有透明的宽边，原生质体并不伸入尾刺。表质具自左上至右下的螺旋肋纹。副淀粉粒多个，为椭圆形或卵圆形小颗粒。鞭毛与体长相等。细胞长31～38μm，宽16～17μm，厚10～14μm，尾刺长约12μm（图5-36）。

（2）诺斯德特扁裸藻 *Phacus nordstedtii* Lemmermann

▶**形态特征**：细胞宽卵形、卵圆形或近圆形，横断面呈椭圆形，前端略平或圆形，中央凹入，后端圆形，具一直向长尖尾刺。原生质体呈纺锤形，与表质之间有一透明的宽边。表质具自左上至右下的螺旋肋纹或线纹。副淀粉粒小颗粒状，略多，分散在细胞内。核中位偏后。鞭毛约与体长相等。细胞长20～31μm，宽14～17μm，尾刺长10～14μm（图5-37）。

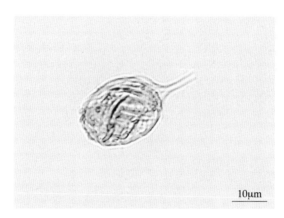

图 5-36　螺壳形扁裸藻 *Phacus cochleatus*

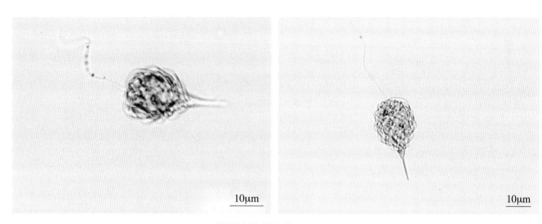

图 5-37　诺斯德特扁裸藻 *Phacus nordstedtii*

（3）螺旋扁裸藻 *Phacus strombuliformis* Shi

▶**形态特征**：细胞明显侧扁，沿纵轴呈螺旋状扭曲，正面观呈圆形，前端尖，后端宽圆且收缢伸出一个直向的长尖尾刺，顶面观狭椭圆形，侧面观呈狭卵状圆柱形。表质具自左上至右下旋转的肋纹，肋纹之间具3条细线纹。副淀粉粒有2个大的，呈介壳状，位于两侧且紧贴表质，同时伴有一些小颗粒。核略偏后位。鞭毛约与体长相等。眼点明显。细胞长30～35μm，宽16～20μm，厚约7μm，尾刺长约10μm（图5-38）。

（4）梨形扁裸藻 *Phacus pyrum*（Ehrenberg）Stein

▶**形态特征**：细胞梨形，前端宽圆，中央略凹（有时凹入明显），后端渐细狭且收缢成直向或略弯曲的长尖尾刺，顶面观近圆形。表质具自左上向右下的螺旋肋纹，7～9条，有时在肋纹之间具螺旋线纹。副淀粉粒2个，呈介壳形，侧生且紧贴表质。鞭毛为体长的1/2～2/3。细胞长20～55μm，宽12～21μm，尾刺长10～20μm（图5-39）。

（5）尖尾扁裸藻 *Phacus acuminatus* Stokes

▶**形态特征**：细胞宽卵形，两端宽圆，前端略窄且中央凹入，顶沟明显并延伸至中后部。后端具三角形的尖尾刺，直向或弯向一侧，侧面观狭椭圆形。表质具纵线纹。副淀粉粒常2个，一大一小，呈线轴状假环形、球形或圆盘形。核中位偏后。鞭毛约与体长

图5-38　螺旋扁裸藻 *Phacus strombuliformis*

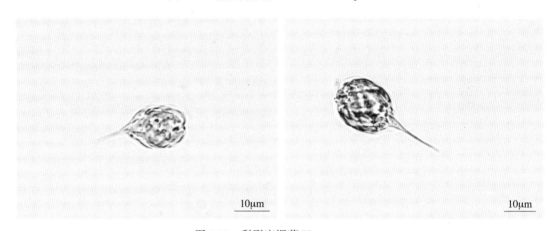

图5-39　梨形扁裸藻 *Phacus pyrum*

相等。细胞长22～37μm，宽14～32μm，厚9～17μm，尾刺长2～5μm（图5-40）。

（6）琵鹭扁裸藻 *Phacus platalea* Drezepolski

▶**形态特征：**细胞宽卵形至卵圆形，两端宽圆，前窄后宽，顶沟可延至中部，后端具偏向一侧的尖尾刺，较长且尖锐，腹面平坦，背面隆起为弓背状。表质具纵线纹。副淀粉粒大，1个，呈球形。细胞长46～56μm，宽26～32μm，尾刺长8～15μm（图5-41）。

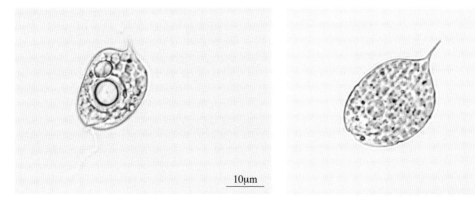

图5-40　尖尾扁裸藻 *Phacus acuminatus*　　　　图5-41　琵鹭扁裸藻 *Phacus platalea*

（7）三棱扁裸藻*Phacus triqueter*（Ehrenberg）Dujardin

▶**形态特征：**细胞宽卵形，两端宽圆，前窄后宽，后端具尖尾刺，向一侧弯曲，腹面略凹，背面具龙骨状纵脊，高而尖，延伸至尾部，顶面观三棱形。表质具纵线纹。副淀粉粒1～2个，较大，圆盘形。鞭毛约与体长相等。细胞长40～68μm，宽30～45μm，尾刺长8～14μm（图5-42）。

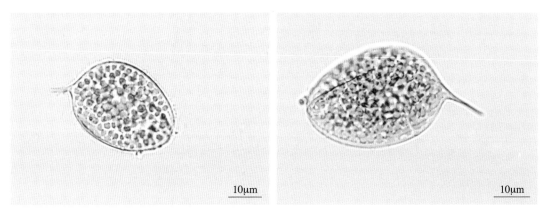

图5-42　三棱扁裸藻*Phacus triqueter*

（8）爪形扁裸藻*Phacus onyx* Pochmann

▶**形态特征：**细胞三角状宽卵形或近梯形，前端窄，后端近平弧形，具近似利爪的尖尾刺，边缘一侧或两侧具波形缺刻，有时无缺刻，侧面观棒形。表质具纵线纹。副淀粉粒1个，较大，呈球形或假环形，有时还有一些球形小颗粒。细胞长20～42μm，宽18～35μm，厚约9μm，尾刺长3～8μm（图5-43）。

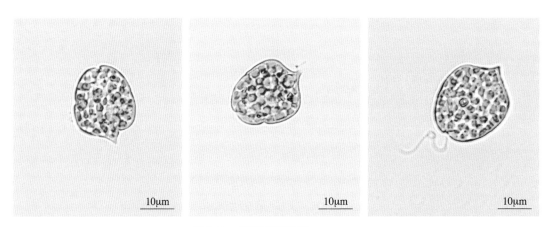

图5-43　爪形扁裸藻*Phacus onyx*

（9a）长尾扁裸藻*Phacus longicauda*（Ehrenberg）Dujardin

▶**形态特征：**细胞宽倒卵形或梨形，前端宽圆，顶沟浅但明显，后端渐窄且收缢成细长的尾刺，尾刺直向或略弯曲。表质具纵线纹。副淀粉粒1至数个，较大，环形、圆盘形或假环形，有时伴有一些圆形或椭圆形的小颗粒。核中位偏后。鞭毛约与体长相等。细胞长85～140μm，宽40～50μm，尾刺长45～60μm（图5-44）。

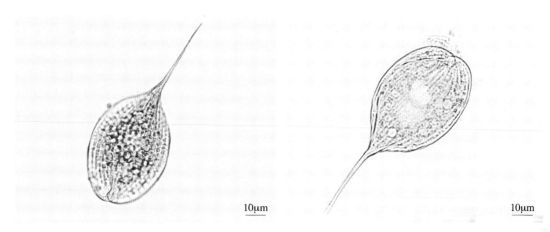

图5-44　长尾扁裸藻 *Phacus longicauda*

（9b）长尾扁裸藻虫形变种 *Phacus longicauda* var. *insectum* **Koczwara**

▶**形态特征**：本变种与原变种的主要区别在于细胞两侧各有一明显的缢缩。细胞长80～180μm，宽35～57μm，尾刺长35～90μm（图5-45）。

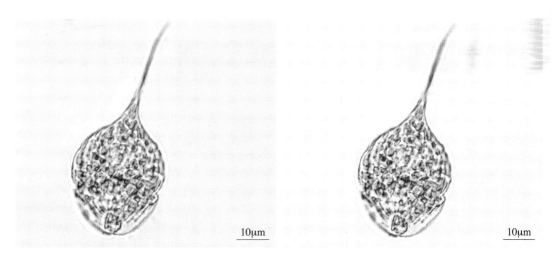

图5-45　长尾扁裸藻虫形变种 *Phacus longicauda* var. *insectum*

（9c）*Phacus longicauda* var.*insecta* **Koczw**

▶**形态特征**：细胞为宽椭圆形，前端宽圆，后端稍窄并延伸成一个长的尖尾刺。细胞两侧具不规则的1～3个波状缺刻，左右两侧的缺刻常不对称。表质具纵线纹。副淀粉粒2个，圆形或圆环形，其他较小的为圆球形。细胞长50～70μm，宽30～40μm，尾刺长20 ～ 30μm。本变种与原变种的主要区别在于细胞两侧具不规则的1 ～ 3个波状缺刻，左右两侧的缺刻常不对称（图5-46）。

中国新记录种（吕绪聪 等，2021）。

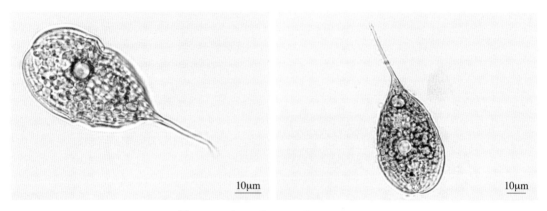

图5-46　*Phacus longicauda* var. *insecta*

（10）颗粒扁裸藻光滑变种 *Phacus granulate* **Roll var.** *laevis* **Shi**

▶形态特征：细胞三角状宽卵形，前端窄，中央略凹入，后端宽圆，具弯向一侧的尖尾刺，横切面呈三角形，侧面观呈圆柱形。表质具纵线纹。副淀粉粒2个，中等大小，线轴状假环形和圆盘形。鞭毛约与体长相等或略短。核偏后位。细胞长43 ～ 50μm，宽28 ～ 33μm，厚12 ～ 15μm，尾刺长5 ～ 10μm（图5-47）。

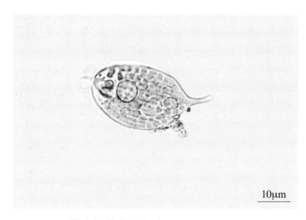

图5-47　颗粒扁裸藻光滑变种 *Phacus granulate* var. *laevis*

（11）矩圆扁裸藻 *Phacus swirenkoanus*（Skvortzow）Pochmann

▶形态特征：细胞宽卵形或矩圆状卵形，两端宽圆，前端略凹入呈双唇形突起，后端具一直向或弯向一侧的尖尾刺，两侧具波状缺刻。表质具纵线纹。副淀粉粒常1 ～ 2个，较大，球形或环形。细胞长22 ～ 40μm，宽15 ～ 24μm，尾刺长6 ～ 10μm（图5-48）。

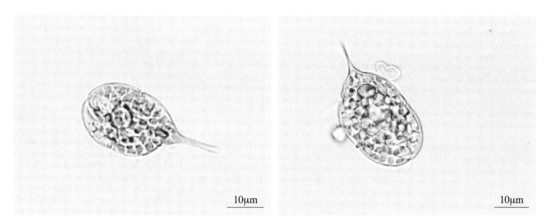

图 5-48　矩圆扁裸藻 *Phacus swirenkoanus*

（12）*Phacus* sp.

▶**形态特征**：细胞矩圆形，前端宽圆形，顶沟浅但明显，一侧中间部位对称地呈收缩状，另一侧不收缩，后端渐窄且收缩成细长的直向尖尾刺。表质具纵向的螺旋线纹。细胞核中位。细胞长 55 ～ 65μm，宽 32 ～ 42μm，尾刺长 20 ～ 35μm。此种与长尾扁裸藻相似。区别在于，长尾扁裸藻细胞两侧均不收缩，该种一侧呈收缩状。该种与长尾扁裸藻的其他变种也存在一定差异（图 5-49）。

可能为长尾扁裸藻的新变种。

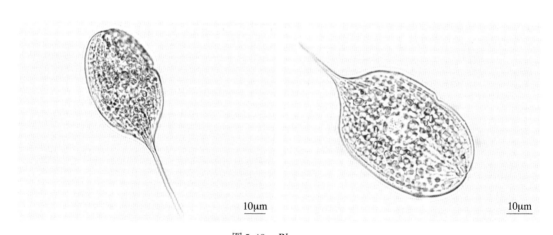

图 5-49　*Phacus* sp.

鳞孔藻属 *Lepocinclis* Perty

▶**分类依据**：细胞表质较硬，形状固定，呈球形、卵形、椭圆形或纺锤形，辐射对称，横切面为圆形，后端多数呈渐尖形或具尾刺。表质具线纹、肋纹、凸纹或颗粒，纵向或螺旋形排列。色素体小盘状，多数，无蛋白核。副淀粉粒多为 2 个大环形，侧生。鞭毛单条。具眼点。无"裸藻状蠕动"。

▶**生境特征**：淡水产。

▶**代表种类：**

（1）缢缩鳞孔藻 *Lepocinclis constricta* Matvienko

▶**形态特征**：细胞葫芦形、宽纺锤形或长六边形，前端狭窄，顶端中央突起或平截，略呈两瓣状，中部明显地收缢，后端宽圆，具直向的长尾刺，表质具自左向右的螺旋线纹。副淀粉粒为球形或卵形颗粒，多数。细胞长26～33μm，宽14～18μm，尾刺长约10μm（图5-50）。

（2）莱韦克鳞孔藻珍珠变种 *Lepocinclis reeuwykiana* Conrad

▶**形态特征**：细胞狭长纺锤形，前端渐窄，顶端平截，略呈两个小乳突，后端渐收缢成长尾刺。副淀粉粒2个大的为环形，有时另有一些卵形或椭圆形小颗粒。表质线纹具自左向右螺旋且明显的珠形颗粒。细胞长52～60μm，宽17～20μm（图5-51）。

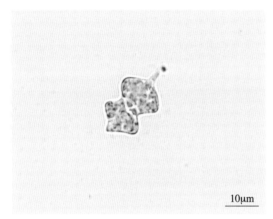

图5-50　缢缩鳞孔藻 *Lepocinclis constricta*

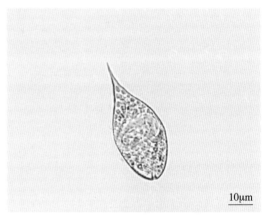

图5-51　莱韦克鳞孔藻珍珠变种 *Lepocinclis reeuwykiana*

陀螺藻属 *Strombomonas* Deflandre

▶**分类依据**：细胞具囊壳，囊壳较薄，前端逐渐收缩呈一长领，领与壳体之间无明显界限，多数种类的后端渐尖，延伸呈一尾刺。囊壳的表面光滑或具皱纹和瘤突，没有像囊裸藻那样多的纹饰。原生质体的特征与裸藻属相同。

▶**生境特征**：淡水产。

▶**代表种类：**

（1）狭形陀螺藻 *Strombomonas angusta*（Shi）Q. X. Wang et Shi

▶**形态特征**：囊壳狭纺锤形，矿化程度高时颜色呈金黄色。前端渐狭成圆柱形领，领口具细齿刻，后端尖形呈楔状或短尾刺状。色素体片状，4～5个，具蛋白核。囊壳长22～35μm，宽9～14μm；领高3～4.8μm，宽4～4.8μm（图5-52）。

（2）圆形陀螺藻 *Strombomonas rotunda*（Playfair）Deflandre

▶**形态特征**：囊壳中部呈横椭圆形到近圆形，前端具一宽的圆柱状直领，领口平直或略斜截呈微波状，后端具一粗尖尾刺。表面光滑或略粗糙。囊壳长 20 ~ 32μm，宽 15 ~ 18μm；领高 4 ~ 8μm，宽 3 ~ 6.5μm；尾刺长 3 ~ 5μm（图5-53）。

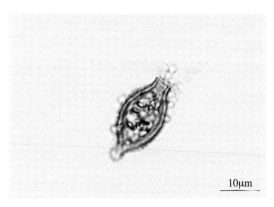

图5-52　狭形陀螺藻 *Strombomonas angusta*

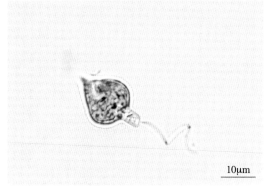

图5-53　圆形陀螺藻 *Strombomonas rotunda*

（3）似孕囊裸藻短领变种 *Strombomonas praeliaris* var. *brevicollum* Shi

▶**形态特征**：囊壳呈卵状圆球形，前端具一个直向圆柱形的管状领，领口呈开展状并具波状齿刻，后端具直的尾刺，囊壳无色或淡褐色。表面具不规则分布的瘤突，无点纹。囊壳长 20 ~ 45μm，宽 18 ~ 22μm；领高 4 ~ 5μm，宽 4 ~ 6μm；尾刺长 8 ~ 12μm（图5-54）。

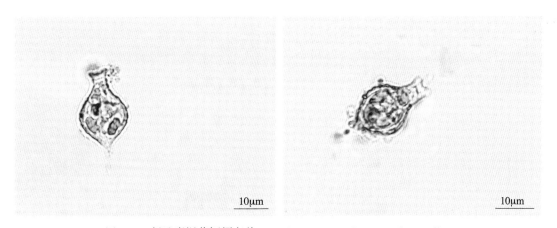

图5-54　似孕囊裸藻短领变种 *Strombomonas praeliaris* var. *brevicollum*

6 绿 藻 门

Chlorophyta

绿藻门简介:

近年来，绿藻在能源微藻、高蛋白食品饲料添加剂等方面扮演着重要角色。被广泛关注的经济绿藻包括衣藻、小球藻、雨生红球藻、栅藻等。在养殖池塘水体中，绿藻种类多样，作为鱼类的开口饵料，在整个生态系统扮演重要角色。

绿藻的主要特征为：色素体的光合作用色素成分与高等植物相似，含有叶绿素a和b，以及叶黄素和胡萝卜素，绝大多数呈草绿色；常具有蛋白核，贮藏物质为淀粉。细胞壁主要成分为纤维素。运动细胞常具顶生2条（少数为4条）等长的鞭毛。

藻体类型多样，包括运动型、胶群体型、绿球藻型、丝状体型、多核体型。繁殖方式包括营养繁殖、无性生殖、有性生殖。

在河南养殖池塘中，所有的水体均有绿藻分布，在调查过程中常见的绿藻有：蹄形藻属（*Kirchneriella*）、盘星藻属（*Pediastrum*）、栅藻属（*Scenedesmus*）、空星藻属（*Coelastrum*）、十字藻属（*Crucigenia*）、集星藻属（*Actinastrum*）、衣藻属（*Chlamydomonas*）、微芒藻属（*Micractinium*）、弓形藻属（*Schroederia*）、四角藻属（*Tetraedron*）、单针藻属（*Monoraphidium*）、月牙藻属（*Selenastrum*）、卵囊藻属（*Oocystis*）、网球藻属（*Dictyosphaerium*）等。本章总共记录绿藻门中3目14科50属135种（变种）的绿藻。

本章的鉴定工作主要依据胡鸿钧先生编撰的《中国淡水藻类——系统、分类及生态》《中国淡水藻志——绿藻门绿球藻目》《中国淡水藻志——绿藻门绿球藻目鼓藻科》及一些国内外公开发表的重要参考文献。本章的撰写得到了暨南大学胡韧教授的关心和指导，衷心感谢其在百忙之中对于绿藻种类鉴定方面的帮助与付出。

绿藻门（Chlorophyta）

分纲检索表

1.运动细胞或生殖细胞具鞭毛，能游动，有性生殖不为接合生殖 ……………………………………………………………………………绿藻纲（Chlorophyceae）

2.营养细胞或生殖细胞均无鞭毛，不能游动，有性生殖为接合生殖 …………………………………………………………………… 接合藻纲（Conjugatophyceae）

绿藻纲（Chlorophyceae）

团藻目（Volvocales）

多毛藻科（Polyblepharidaceae）
塔胞藻属（*Pyramidomonas*）

衣藻科（Chlamydomonadaceae）
衣藻属（*Chlamydomonas*）

四鞭藻属（*Carteria*）

绿梭藻属（*Chlorogonium*）

冰藻属（*Microglena*）

叶衣藻属（*Lobochlamys*）

拟配藻属（*Spermatozopsis*）

新命名属（*Komarekia*）

壳衣藻科（Phacotaceae）
翼膜藻属（*Pteromonas*）

团藻科（Volvocaceae）
实球藻属（*Pandorina*）

空球藻属（*Eudorina*）

绿球藻目（Chlorococcales）

绿球藻科（Chlorococaceae）
绿球藻属（*Chlorococcum*）

微芒藻属（*Micractinium*）

拟多芒藻属（*Golenkiniopsis*）

多芒藻属（*Golenkinia*）

双细胞藻属（*Dicellula*）

双囊藻属（*Didymocystis*）

小桩藻科（Characiaceae）

弓形藻属（*Schroederia*）

小球藻科（Chlorellaceae）

小球藻属（*Chlorella*）

顶棘藻属（*Chodatella*）

四角藻属（*Tetraedron*）

多突藻属（*Polyedriopsis*）

月牙藻属（*Selenastrum*）

纤维藻属（*Ankistrodesmus*）

新命名属（*Chlorotetraedron*）

假十字趾藻属（*Pseudostaurastrum*）

蹄形藻属（*Kirchneriella*）

尖胞藻属（*Raphidocelis*）

纺锤藻属（*Elakatothrix*）

透明针形藻属（*Hyaloraphidium*）

单针藻属（*Monoraphidium*）

假并联藻属（*Pseudoquadrigula*）

卵囊藻科（Oocystaceae）

卵囊藻属（*Oocystis*）

网球藻科（Dictyosphaeriaceae）

网球藻属（*Dictyosphaerium*）

四棘藻科（Treubariaceae）

四棘藻属（*Treubaria*）

水网藻科（Hydrodictyaceae）

盘星藻属（*Pediastrum*）

空星藻科（Coelastraceae）

空星藻属（*Coelastrum*）

集星藻属（*Actinastrum*）

栅藻科（Scenedsmaceae）

四星藻属（*Tetrastrum*）

假四星藻属（*Pseudotetrastrum*）

十字藻属（*Crucigenia*）

拟韦斯藻属（*Westellopsis*）

韦氏藻属（*Westella*）

栅藻属（*Scenedesmus*）

新命名属（*Willea*）

双月藻属（*Dicloster*）

接合藻纲 Conjugatophyceae

鼓藻目（Desmidiales）

    鼓藻科（Desmidiaceae）

        新月藻属（*Closterium*）

        角星鼓藻属（*Staurastrum*）

        鼓藻属（*Cosmarium*）

        凹顶鼓藻属（*Euastrum*）

绿藻纲 Chlorophyceae

团藻目 Volvocales

多毛藻科 Polyblepharidaceae

塔胞藻属 *Pyramidomonas*

▶**分类依据**：单细胞，多数梨形、倒卵形、少数半球形；细胞裸露，仅具细胞膜；前端略凹入或明显地凹入，具4个钝的棱角或4个分叶，后端钝角锥形、广圆形，不分叶。细胞前端凹入处具4条等长的鞭毛，鞭毛基部具2个伸缩泡。色素体杯状，前端深凹入，呈4个分叶，少数网状，具1个蛋白核。眼点位于细胞的一侧或无眼点。

▶**代表种类**：

（1）娇柔塔胞藻 *Pyramidomonas delicatula*

▶**形态学特征**：细胞倒卵形至倒梨形，细胞裸露，前端中央凹入，呈4个分叶，后端钝角锥形，细胞前端凹入处具4条约等于体长的鞭毛，基部具2个伸缩泡。色素体杯状，前端深凹入，呈4个分叶，基部明显增厚，基部具1个圆形蛋白核。细胞宽11 ～ 17.5μm，长20 ～ 26μm，厚约15μm（图6-1）。

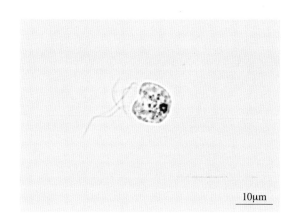

10μm

图6-1　娇柔塔胞藻 *Pyramidomonas delicatula*

绿藻纲 Chlorophyceae

团藻目 Volvocales

衣藻科 Chlamydomonadaceae

衣藻属 Chlamydomonas

▶ **分类依据：**植物体为游动单细胞；细胞球形、卵形、椭圆形或宽纺锤形等，纵扁或不纵扁；细胞壁平滑，具或不具胶被。细胞前端中央具或不具乳头状突起，具 2 条等长鞭毛，鞭毛基部具 1 个或 2 个伸缩泡。具 1 个大型的色素体，多数杯状，少数片状，"H" 形或星状，具 1 个蛋白核，少数具 2 个或多个。眼点位于细胞的一侧，橘红色。衣藻属是团藻目最大的一个类群。

▶ **代表种类：**

（1）**肾形衣藻 *Chlamydomonas nephroidea***

▶ **形态学特征：**细胞镜面观椭圆形，侧面观肾形；前端具 2 条等长的、约等于体长的鞭毛；基部具 2 个伸缩泡。无乳头状突起；色素体杯状；基部具 1 个球形的蛋白核；眼点椭圆形，位于细胞前端 1/3 处；细胞核位于细胞前端空腔内。细胞宽 7.5 ～ 10μm，长 11.3 ～ 11.8μm（图 6-2）。

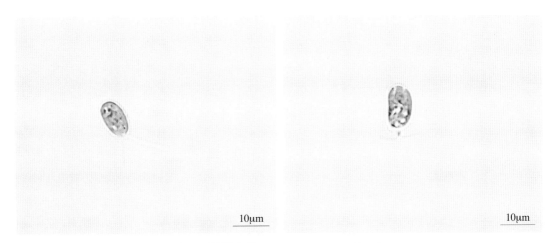

图 6-2　肾形衣藻 *Chlamydomonas nephroidea*

（2）**球衣藻 *Chlamydomonas globosa* Snow**

▶ **形态学特征：**细胞小，多数近球形，少数椭圆形，常具无色透明的胶被，细胞前端中央不具乳头状突起；具 2 条等长的鞭毛；基部具 1 个伸缩泡；色素体杯状，基部很厚，具 1 个大的蛋白核；眼点位于细胞前端近 1/3 处，不太明显。细胞直径 5 ～ 10μm（图 6-3）。

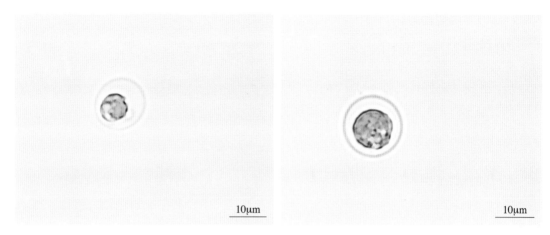

图6-3 球衣藻 *Chlamydomonas globosa*

（3）波氏衣藻 *Chlamydomonas bourrellyi*

▶**形态学特征**：细胞长椭圆形至圆柱形，两端钝圆，两侧缘近于平行，或下端略扩大；细胞壁柔软，紧贴原生质体；细胞前端具1个半球形的突起；细胞前端具2条等长的、约等于或略长于体长的鞭毛，其基部具2个伸缩泡；色素体杯状，底部较厚，侧缘达细胞前端；其基部具1个大的球形蛋白核；眼点位于细胞中部偏前端。细胞宽5～7μm，长10～12.5μm（图6-4）。

（4）里斯莫衣藻 *Chlamydomonas lismorensis*

▶**形态学特征**：细胞长卵状或椭圆形到很长的卵形，基部宽圆，前端略狭窄，罕见呈圆柱状的；壁很薄，原生质体充满其中；无乳头状突起；鞭毛与细胞等长，具2个顶生伸缩泡；色素体长杯状，充满整个细胞，基部增厚，沿边较薄，几乎呈杯状，上端达鞭毛基部，内侧平整无凹入；蛋白核小，位于色素体基部，细胞上部1/3处具1个短线状眼点；细胞宽3～6μm，长8～15μm（图6-5）。

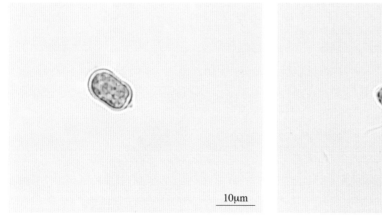

图6-4 波氏衣藻 *Chlamydomonas bourrellyi*

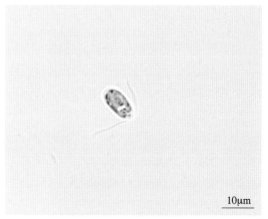

图6-5 里斯莫衣藻 *Chlamydomonas lismorensis*

（5）简单衣藻 *Chlamydomonas simplex* Pascher

▶**形态学特征**：细胞球形，细胞壁很薄，柔软，基部常略与原生质体分离；细胞前端中央具1个很小的、钝的乳头状突起；具2条等长的，约等于体长的鞭毛；基部具2个伸缩泡；色素体杯状，基部明显加厚；具1个球形或略长的蛋白核；眼点大，椭圆形，位于细胞前端近1/4处；细胞核位于细胞近中央偏前端。细胞直径9～21μm（图6-6）。

（6）圆形衣藻 *Chlamydomonas orbicularis* E. G. Pringsh

▶**形态学特征**：细胞球形、椭圆形；细胞壁厚；细胞前端具2条等长的，约为体长1.5倍的鞭毛；其基部具2个伸缩泡；色素体杯状，底部明显较厚，两侧一直达细胞前端；基部具1个蛋白核；眼点位于细胞前端近1/3处，细胞核位于细胞前端空腔内。细胞直径9～13μm（图6-7）。

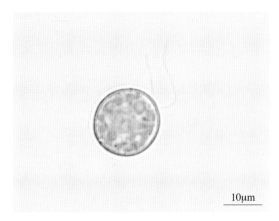

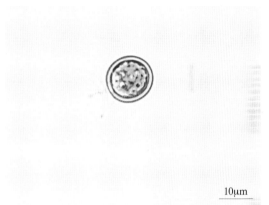

图6-6　简单衣藻 *Chlamydomonas simplex*　　图6-7　圆形衣藻 *Chlamydomonas orbicularis*

四鞭藻属 *Carteria*

▶**分类依据**：单细胞，球形、心形、卵形、椭圆形等，横断面为圆形；细胞壁明显、平滑。细胞前端中央有或无乳头状突起，具4条等长的鞭毛，基部具2个伸缩泡。色素体常为杯状，少数为"H"形或片状，具1个或数个蛋白核。有或无眼点。

▶**代表种类：**

（1）克莱四鞭藻 *Carteria klebsii*（Dang.）France em. Troitzk.

▶**形态学特征**：细胞圆柱状到椭圆形，细胞壁较硬。细胞前端中央具1个明显的、半球形的乳头状突起，具4条等长的、长约等于或略短于体长的鞭毛，基部具2个伸缩泡。色素体杯状，基部明显增厚，近基部具1个大的、近球形的蛋白核。眼点长椭圆形，位于细胞前端1/4处，深黑红色。细胞核位于细胞的中央偏前端，细胞宽9～17μm，长13～35μm（图6-8）。

绿梭藻属 *Chlorogonium* Ehr.

▶**分类依据**：单细胞，长纺锤形，前端具狭长的喙状突起，后端尖窄。横断面为圆形。细胞前端具2条等长的、约等于体长一半的鞭毛，基部具2个伸缩泡。色素体片状或块状，具1个、2个、数个蛋白核或无。眼点近线形，常位于细胞的前端（图6-9）。

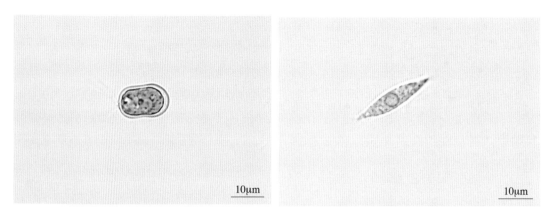

图6-8　克莱四鞭藻 *Carteria klebsii*　　　　图6-9　绿梭藻 *Chlorogonium* sp.

冰藻属 *Microglena*

▶**分类依据：**植物体为游动单细胞；细胞近球形到短椭圆形，基部广圆形；细胞壁厚，基部原生质体常与细胞壁分离；细胞前端中央具一个短的、尖圆形的乳头状突起，突起外的细胞壁呈前端平的增厚；细胞前端中央具2条等长鞭毛，大约与细胞等长。基部具2个伸缩泡；色素体大，杯状；基部厚，具1个大的、带形或马蹄形的蛋白核。细胞宽14～27μm，长14～30μm。

▶**代表种类：**

（1）布朗冰藻（软壳藻）*Microglena braunii*

▶**形态特征：**细胞长17～25μm，宽11～23μm。细胞椭圆形到宽椭圆形，几乎球形，前端具乳头状突起，带有两个鞭毛，大约与细胞一样长。幼细胞具杯状叶绿体，细胞基部增厚；成熟细胞基部不增厚；蛋白核马蹄形、半环形或者宽椭圆形，位于叶绿体近基底侧向增厚处（图6-10）。

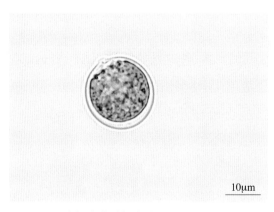

图6-10　布朗冰藻（软壳藻）*Microglena braunii*

叶衣藻属 *Lobochlamys*

▶**分类依据：**单细胞，卵形、椭圆形或不规则形。细胞壁具大的不规则排列的波状突起，横断面圆形，四周具若干个不规则排列的圆锥形突起。细胞前端中央有或无乳头状突起，具2条等长的鞭毛，基部具2个伸缩泡。色素体杯状，具1个蛋白核。

▶**代表种类：**

（1）惰性叶衣藻 *Lobochlamys segnis*

▶**形态特征：**运动细胞长方形或椭圆形，细胞壁加厚，特别在末端的前部，有一低的、圆形的突起；色素体有一个大的前端腔隙和一个小的后端腔隙，但没有明显的嵴；有一个大的蛋白核，很少有两个，约为细胞纵轴的3/5，包埋在色素体里；前端腔隙包含有细胞核，后端腔隙包含一对伸缩泡；无眼点；细胞后端1/3处充满了反射小体，大小（0.5～1.5）μm×（1～2）μm，可能贮存糖类，但与碘作用不显蓝色（如淀粉）。细胞宽（4）6～10μm，长（8）12～16μm（图6-11）。

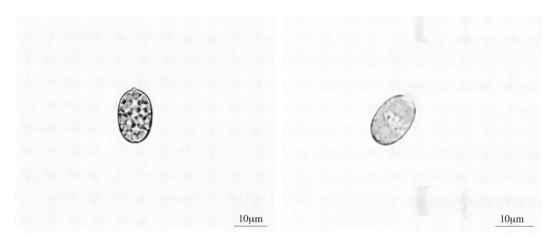

图6-11 惰性叶衣藻 *Lobochlamys segnis*

拟配藻属 *Spermatozopsis*

▶**分类依据：**细胞裸露带有4条鞭毛且明显呈螺旋状扭曲。

▶**代表种类：**

（1）拟配藻 *Spermatozopsis exsultans*

▶**形态特征：**细胞裸露带有4条鞭毛且明显呈螺旋状扭曲，鞭毛近等长（图6-12）。

Komarekia 属

▶**分类依据：**扁圆形由围绕圆形或方形中央空间的4个细胞组成，有时形成16个或32个细胞，被包在一个薄的黏液性包膜中；细胞球形、卵球形至椭圆形，壁薄，侧向附着，很少有叶绿体顶叶，具单一类胡萝卜素（有时几乎看不见）；通过4（～8）个子孢子的无性繁殖，由母细胞壁分裂成4个部分释放，壁的残余物仍作为无色附属物横向附着在每个子细胞上。

▶**代表种类：**

Komarekia appendiculata

▶**形态特征：**母细胞壁的残留物附着在细胞外壁上，为无色附属物，细胞宽2.5～6μm，长4～9μm，卵形，壁残余物长4～8μm（图6-13）。

▶**生境：**缓慢流动的水和池塘或湖泊中。

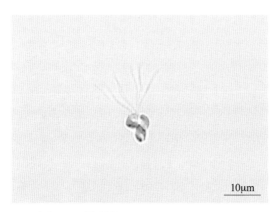

图6-12 拟配藻 *Spermatozopsis exsultans*

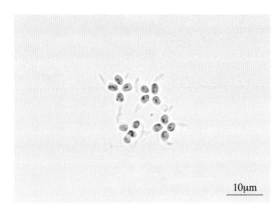

图6-13 *Komarekia appendiculata*

绿藻纲 Chlorophyceae

团藻目 Volvocales

壳衣藻科 Phacotaceae

翼膜藻属 *Pteromonas* Sel.

▶**分类依据**：单细胞，纵扁。囊壳正面观球形、卵形，前端宽面平直，或呈正方形到长方形、六角形，角上具或不具翼状突起；侧面观近梭形，中间具1条纵向的缝线。囊壳由2个半片组成，表面平滑。原生质体小于囊壳，前端靠近囊壳，正面观球形、卵形、椭圆形，前端中央具2条等长的鞭毛，从囊壳的1个开孔伸出，基部具2个伸缩泡。色素体杯状或块状，具1个或数个蛋白核。眼点椭圆形或近线形，位于细胞近前端。

▶**代表种类**：

（1）翼膜藻 *Pteromonas aequiciliata*

▶**形态学特征**：细胞壁由两片组成，侧扁，无色，两片相邻处有无色、薄的各种宽度形状的饰喙（图6-14）。

10μm

图6-14 翼膜藻 *Pteromonas aequiciliata*

（2）尖角翼膜藻奇形变种 *Pteromonas aculeate* var. *mirifica*

▶**形态学特征**：细胞纵扁。囊壳由2个半片组成，前缘向上延伸成1个显著的凹陷。囊壳正面观为方形或长方形，具4个角，前端2个角向前延伸，后端2个角向后延伸形成4个角锥形突起；细胞宽25～28μm，长29～33μm。从正面看，侧缘具不规则波纹或齿状；侧面观近纺锤形，侧缘具3个波形，波顶尖，细胞前端截形，后端具尖尾；垂直面观为扁六角形，两侧各具1个线形凸起。原生质体正面观为圆形，侧面及垂直面观为椭圆形，与囊壳分离，原生质体宽14～19μm，长17～20μm，色素体杯状，具5～9个蛋白核，2条等长的、等于体长或为体长的1.5倍的鞭毛从管内通过囊壳小孔伸出，基部具2个伸缩泡（图6-15）。

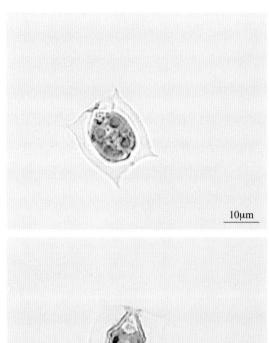

图6-15 尖角翼膜藻奇形变种 *Pteromonas aculeate* var. *mirifica*

绿藻纲Chlorophyceae

团藻目Volvocales

团藻科 Volvocaceae

实球藻属Pandorina Bory

▶**分类依据**：群体具胶被，球形、椭圆形，由4、8、16、32（常为16）个细胞组成。群体细胞彼此紧贴，位于群体中心，细胞间常无空隙，或仅在群体的中心有小的空间。细胞球形、倒卵形、楔形，前端中央具2条等长的鞭毛，基部具2个伸缩泡。色素体多数为杯状，少数为块状或长线状，具1个或数个蛋白核和1个眼点。

▶**代表种类**：

（1）实球藻Pandorina morum（Muell.）Bory

▶**形态学特征**：群体球形或椭圆形，由4、8、16、32个细胞组成。群体胶被边缘狭窄；群体细胞互相紧贴在群体中心，常无空隙，仅在群体中心有小的空间。细胞倒卵形或楔形，前端钝圆，向群体外侧，后端渐狭。前端中央具2条等长的、约为体长1倍的鞭毛，基部具2个伸缩泡。色素体杯状，在基部具1个蛋白核。眼点位于细胞的近前端一侧。群体直径为20～60μm，细胞直径为7～17μm（图6-16）。

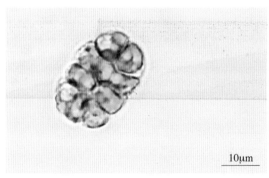

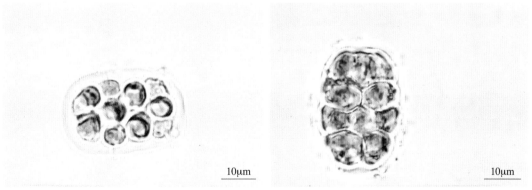

图6-16　实球藻*Pandorina morum*

空球藻属 *Eudorina* Ehr.

▶**分类依据：**群体球形或卵形，由16、32、64（常为32）个细胞组成，群体细胞彼此分离，排列在群体胶被的周边，群体胶被表面平滑或具胶质小刺，个体胶被彼此融合。细胞球形，壁薄，前端向群体外侧，中央具2条等长的鞭毛，基部具2个伸缩泡。色素体杯状，仅1种色素体为长线状，具1个或数个蛋白核。

▶**代表种类：**

（1）空球藻 *Eudorina elegans* Ehr.

▶**形态学特征：**群体具胶被，球形或卵形，由16、32、64（常为32）个细胞组成。群体细胞彼此分离，排列在群体胶被周边，群体胶被表面平滑。细胞球形，壁薄，前端向群体外侧，中央具2条等长的鞭毛，基部具2个伸缩泡。色素体大、杯状，有时充满整个细胞，具数个蛋白核。眼点位于细胞近前端一侧。群体直径50～200μm，细胞直径10～24μm（图6-17）。

10μm

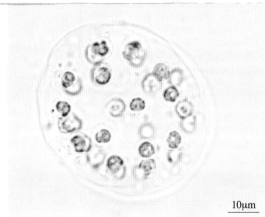

10μm

图6-17 空球藻 *Eudorina elegans*

绿藻纲Chlorophyceae

绿球藻目Chlorococcales

绿球藻科Chlorococcaceae

绿球藻属*Chlorococcum* Meneghini

▶**分类依据：** 植物体单细胞或数个细胞聚集于一起，但无共同胶被；细胞球形、近球形或椭圆形；细胞壁光滑、薄，常随生长而逐渐加厚；色素体1个，周位，瓶状或空心球状，充满整个细胞（图6-18）。

微芒藻属*Micractinium* Fresenius

▶**分类依据：** 植物体是由4 ~ 32个或更多细胞构成的群体，常每4个细胞为一组排列成三角锥形，或每8个细胞为一组排列成球形；同组的细胞均是有规则地互相接触聚于一起，排列成为某种形状，但不以细胞壁互相连接，植物体外亦无共同胶被；细胞多球形，亦有稍扁平的；细胞壁向外的侧面上具1 ~ 7条粗而长的刺；色素体1个，杯状，具1个蛋白核。

▶**代表种类：**

（1）微芒藻*Micractinium pusillum*

▶**形态学特征：** 植物体常由4、8、16或32个细胞组成群体，多数每4个为一组，呈金字塔形排列；有时每8个细胞为一组，呈球状排列；各组细胞的排列不规则，并无固定排列方式；细胞球形；细胞壁表面有2 ~ 5条长刺，细胞直径3 ~ 7μm，刺长20 ~ 38μm，刺基部宽约1μm。此种多生于小池塘中，多在夏季7—8月高产（图6-19）。

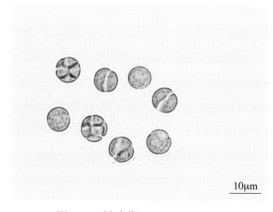

图6-18　绿球藻*Chlorococcum* sp.

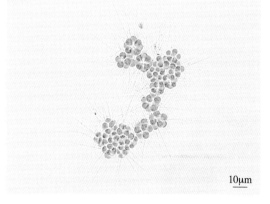

图6-19　微芒藻*Micractinium pusillum*

（2）扁球微芒藻*Micractinium depressum* Jao et Ling

▶**形态学特征：** 植物体由2、4或8个细胞构成群体，呈球形、不规则形或扁平盘状，有时数个群体可以聚集成略呈三角形的复合群体；细胞扁球状，细胞壁薄，在朝外的表面上生有8～10根长刺；细胞宽6.3～7.2μm，长8～9μm，刺长25～30μm（图6-20）。

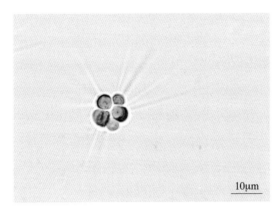

图6-20　扁球微芒藻 *Micractinium depressum*

（3）四刺微芒藻 *Micractinium quadrisetum*（Lemmermann）Smith

▶**形态学特征**：群体一般由4个细胞，偶尔16个细胞组合成复合群体；细胞卵形或近球形，各以其基部相接触，排列成十字式的平板，且在中央围成一个长方形的空间；群体向外的细胞壁表面上有1～4根长而尖的刺；色素体1个，杯状；具1个蛋白核，细胞直径4～7μm，长8～10μm，刺长20～50μm（图6-21）。

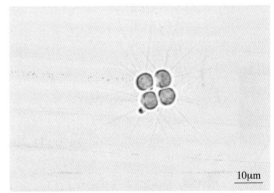

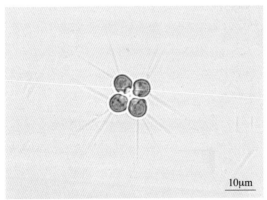

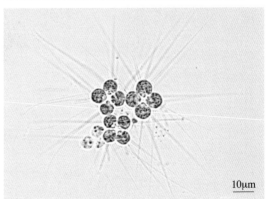

图6-21　四刺微芒藻 *Micractinium quadrisetum*

（4）粗刺微芒藻*Micractinium crassisetum* Hortobagyi

▶形态学特征：植物体常由4个，罕由16个细胞构成复合群体，细胞球形，互相接触成为4个排列成金字塔形的群体，细胞壁外表面各具一根直的、基部粗壮的长刺，色素体1个，杯状，轴位；具有一个蛋白核，细胞直径5 ~ 7μm，刺长20 ~ 36μm（图6-22）。

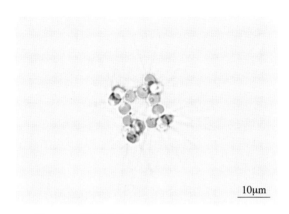

图6-22　粗刺微芒藻*Micractinium crassisetum*

拟多芒藻属*Golenkiniopsis* Korschikoff

▶分类依据：植物体单细胞。球形，罕近椭圆形；细胞壁薄，外有极薄的胶被；表面具有许多分布均匀、细长、基部加厚或否且中空的长刺；色素体1个，杯状，周位，具1个球形或椭圆形的蛋白核。

▶代表种类：

（1）拟多芒藻*Golenkiniopsis solitaria* Korschikoff

▶形态学特征：植物体单细胞。细胞球形；细胞壁上具16根或2根长的、基部不加宽、向前渐尖的刺；色素体1个或2个，杯状，周位；每一色素体内具1个蛋白核；细胞直径9 ~ 10（15）μm，刺长5 ~ 45μm（图6-23）。

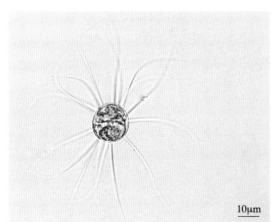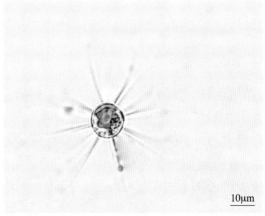

图6-23　拟多芒藻*Golenkiniopsis solitaria*

多芒藻属 *Golenkinia* Chodat

▶**分类依据：**植物体单细胞。细胞球形；细胞壁薄，具一层很薄的胶被；细胞表面有许多分布不规则的、基部不明显粗大的纤细无色透明的刺，有时因含有铁质而呈褐色；色素体1个，杯状，周位。多见于浅水湖泊、池塘、有机质较多的水体中。

▶**代表种类：**

（1）辐射多芒藻 *Golenkinia radiata* Chodat

▶**形态学特征：**植物体单细胞，有时由于细胞上的刺相互交错呈群体。细胞球形；刺极纤细而长，无明显的基部加厚部分，色素体1个，蛋白核1个，显著；细胞直径（7）10～18μm；刺长20～45μm（图6-24）。

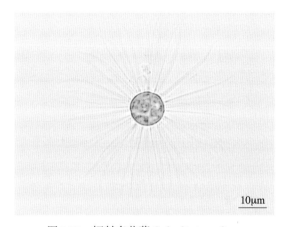

图6-24　辐射多芒藻 *Golenkinia radiata*

（2）疏刺多芒藻 *Golenkinia paucispina* W. et G. S. West

▶**形态学特征：**植物体单细胞，细胞球形，具多数纤细、透明、基部不加厚的刺；色素体1个，杯状，充满整个细胞；具1个明显的蛋白核；细胞直径8～16（19）μm；刺长8～18μm（图6-25）。

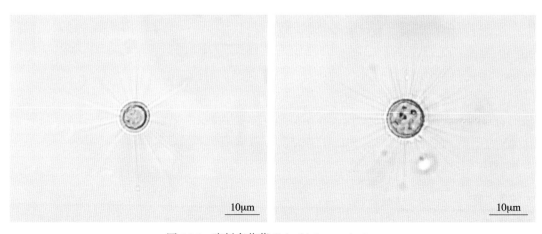

图6-25　疏刺多芒藻 *Golenkinia paucispina*

（3）短刺多芒藻 *Golenkinia brevispina* Korschikoff

▶**形态学特征：**植物体单细胞，具一层明显的胶被，细胞球形，具多数纤细、无色透明、基部有略加厚的刺，色素体1个，杯状，周位，充满整个细胞，具一个肾形的蛋白核；细胞直径11～17μm，刺长6～7μm（图6-26）。

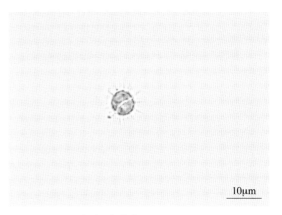

10μm

图6-26 短刺多芒藻 *Golenkinia brevispina*

双细胞藻属 *Dicellula* Svirenko

▶**分类依据：**植物体多由2、4、8（罕为1）个细胞纵列组成。细胞卵形或椭圆形；细胞壁上除接触面外均有细长的刺；色素体1个，较老时常分化成2瓣片状，周位，具1个蛋白核（图6-27）。

双囊藻属 *Didymocystis*

▶**分类依据：**集结体为真性集结体，由2个细胞以侧壁连接而成，具薄的胶鞘；浮游；成熟细胞半圆形、椭圆形或长圆形，胞壁平滑或具疣突、肋，色素体单一，杯状或片状，靠近细胞的凸侧边，具或不具蛋白核。

▶**代表种类：**

（1）无刺双囊藻 *Didymocystis inermis*

▶**形态特征：**集结体由2个细胞组成，相互以内侧的细胞壁紧密连接；具透明的胶被；细胞椭圆形到长卵形，两端钝圆，外侧略凸；细胞壁具不规则分布的颗粒；色素体单一，片状，周位；具1个蛋白核；细胞直径3～6μm，长8～13μm（图6-28）。

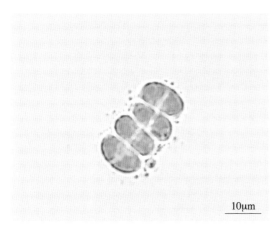

10μm

图6-27 双细胞藻 *Dicellula* sp.

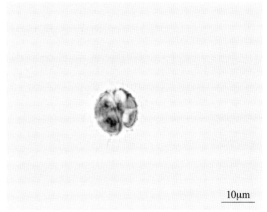

10μm

图6-28 无刺双囊藻 *Didymocystis inermis*

绿藻纲Chlorophyceae

绿球藻目Chlorococcales

小桩藻科Characiaceae

弓形藻属*Schroederia* Lemmermann

▶**分类依据**：植物体单细胞，细胞针形、纺锤形或新月形；两端向前延伸为或长或短的不分叉的刺，直或弯曲；色素体1个，片状，周生，常充满整个细胞；具1个或多个蛋白核。

▶**代表种类**：

（1）弓形藻*Schroederia setigera*（Schroeder）Lemmermann

▶**形态学特征**：植物体单细胞，纺锤形，两端延伸为细长的无色的刺，末端均尖细；色素体1个，片状，周位；具1个蛋白核，罕见2个。细胞直径4～7(8)μm，细胞长（包括刺长）(75) 90～230μm，刺长(15) 20～70μm（图6-29）。

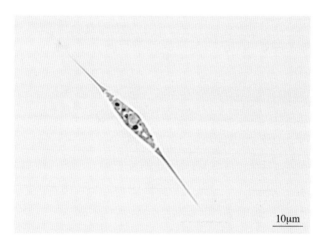

图6-29　弓形藻*Schroederia setigera*

（2）螺旋弓形藻*Schroederia spiralis*（Printz）Korschikoff

▶**形态学特征**：植物体单细胞，纺锤形，两端渐细并延伸为无色细长的刺，整个细胞包括刺在内扭曲为螺旋状；两端的刺或朝同一个方向或朝不同的方向甚至相反的方向弯曲。色素体1个，片状，周位，常充满整个细胞，具1个蛋白核。细胞宽3～5 (7) μm，长（包括刺）(30) 40～90μm，刺长8～13μm（图6-30）。

（3）印度弓形藻*Schroederia indica* Philipose

▶**形态学特征**：植物体单细胞，略弯曲，如新月形或半圆形，具一凸出的背和一凹入或略平直的腹，两端细胞壁自细胞前端各自延伸，成为不与细胞的纵轴成一条直线的

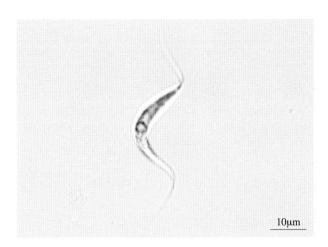

10μm

图6-30　螺旋弓形藻 *Schroederia spiralis*

无色而略等长的尖刺，刺直或略弯曲；色素体1个，片状，周位；具1~3个蛋白核。细胞宽4.5~12.5μm，长28~44μm，刺长12.5~21.5μm（图6-31）。

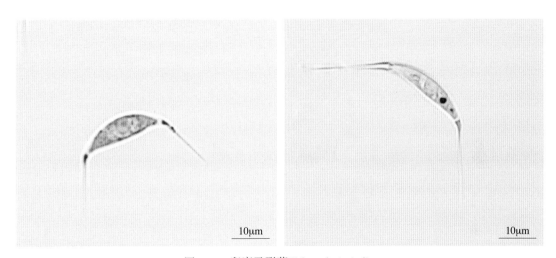

10μm　　　10μm

图6-31　印度弓形藻 *Schroederia indica*

绿藻纲Chlorophyceae

绿球藻目Chlorococcales

小球藻科Chlorellaceae

小球藻属*Chlorella* Beijerinck

▶**分类依据**：植物体单细胞，单生或多个细胞聚集成群。浮游，细胞体积相差较大；多为球形或椭圆形，有时左右略不对称；细胞壁薄或厚，色素体1个，罕多于1个，杯状或片状，周生，具1个蛋白核或无。多生长在较肥沃的小水体中。

▶**代表种类**：

（1）椭圆小球藻*Chlorella ellipsoidea* Gerneck

▶**形态学特征**：植物体单细胞，细胞椭圆形，细胞壁薄，色素体1个，片状，占细胞的大部分，常略分瓣，具1个蛋白核；宽4.5～8μm，长7～12μm（图6-32）。

顶棘藻属*Lagerheimiella* Chodat

▶**分类依据**：植物体单细胞，极罕有胶被，浮游。细胞卵形、椭圆形或卵圆柱形，两端多宽圆或略光圆；无色细胞壁的两端或两端及中部具有2到数根褐色或无色、各种长短的刺，刺基部具或不具常为褐色的结节或突起部分。色素体1到数个，片状或盘状，周位，具1个或不具蛋白核。

▶**代表种类**：

（1）柠檬形顶棘藻*Lagerheimiella citriformis*（Snow）Collins

▶**形态学特征**：植物体单细胞，椭圆形到卵圆形，两端具喙状突起；刺纤细，着生两极，每极有4～8根；色素体单一，具1个蛋白核。细胞宽8～20μm，长10～26μm，刺长18～26（40）μm（图6-33）。

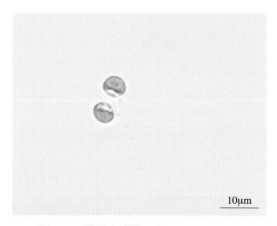

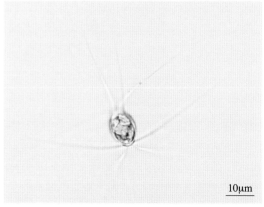

图6-32　椭圆小球藻*Chlorella ellipsoidea*　　图6-33　柠檬形顶棘藻*Lagerheimiella citriformis*

（2）十字顶棘藻Lagerheimiella wratislaviensis

▶**形态学特征**：植物体单细胞，卵圆形或椭圆形，两端广圆；4根刺排列在一个平面上，呈十字形，两端各一根，中间部分左右各一根，刺直或略弯，基部加厚或结节，色素体侧位，1个，具一个不清楚的蛋白核，细胞宽4～8μm，长3～10μm，刺长8～27μm（图6-34）。

（3）纤毛顶棘藻Lagerheimiella ciliata

▶**形态学特征**：植物体单细胞，卵形、椭圆形或长圆形，两端广圆，每端4～8根刺，刺直或略弯，辐射排列，色素体1个，具1个蛋白核，细胞宽12～13μm，长18～20μm，刺长12～15μm（图6-35）。

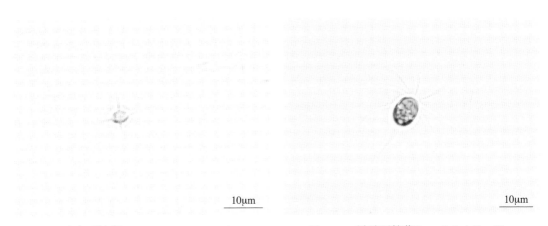

图6-34　十字顶棘藻*Lagerheimiella wratislaviensis*　　　　图6-35　纤毛顶棘藻*Lagerheimiella ciliata*

四角藻属*Tetraedron* Kuetzing

▶**分类依据**：植物体单细胞，浮游；细胞扁平三角形、四角形、五角形、多角形、或立体四角、五角或多角锥状；细胞横切面侧扁；每个细胞含3、4、5或更多个向外伸出的角突，少数为2个；角突较短或较长，不分叉或1～2次或更多次的分叉，顶端或分叉的顶端平滑，或由细胞壁延伸形成粗或细、长或短、宽或窄、直或弯曲，在或不在同一个平面上数量不同的刺，罕有皱纹、点纹或颗粒；细胞壁薄；色素体1个到多个，多盘状，周位，具1个或不具蛋白核。分布于各种静水水体、沼泽、沟渠、湖泊等。

▶**代表种类**：

（1）三叶四角藻*Tetraedron trilobulatum*（Reinsch）Hansgirg

▶**形态学特征**：植物体单细胞，细胞三角形，扁平，角突宽，基部钝圆，无刺；边缘略内凹或深凹；细胞宽12～22μm，厚5～9μm（图6-36）。

图6-36　三叶四角藻*Tetraedron trilobulatum*

（2）细小四角藻 Tetraedron minimum（A. Braun）Hansgirg

▶**形态学特征**：植物体单细胞，扁平；细胞具4个角突，镜面观为整齐或略不整齐四边形，侧面观椭圆形；角突较圆或略尖，顶端无刺或罕具一细小突孔；边缘内凹，有时一对边缘较另一对更内凹；细胞直径6～10μm，厚3～7μm，细胞壁光滑。普生种（图6-37）。

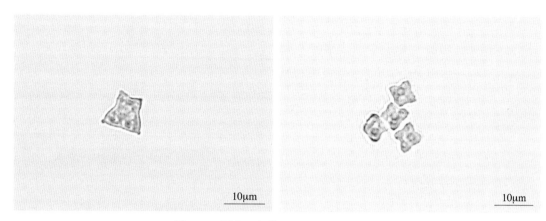

图6-37　细小四角藻 Tetraedron minimum

（3）具尾四角藻 Tetraedron caudatum（Corda）Hansgirg

▶**形态学特征**：植物体单细胞；五边形，扁平，边缘均内凹，其中一边凹入特别窄且深，成"裂缝"状；具5个角突，角突钝圆，顶端各具1刺，刺与植物体位于同一平面；细胞宽6～12μm，刺长1.5～3.5μm（图6-38）。

（4a）三角四角藻 Tetraedron trigonum（Naegeli）Hansgirg

▶**形态学特征**：植物体单细胞，扁平；细胞三角形，侧面观椭圆形，角突钝尖，顶生1直或略弯的刺，角突两侧边缘直或微外凸；细胞边缘凹入，有时近于直或微外凸；细胞不含刺宽11～25μm，厚3～9μm，刺长2～9μm（图6-39）。

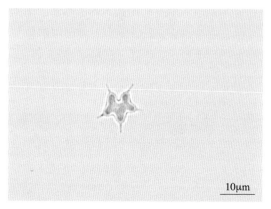

图6-38　具尾四角藻 Tetraedron caudatum

图6-39　三角四角藻 Tetraedron trigonum

（4b）三角四角藻具头变种 *Tetraedron trigonum*（Naegeli）Hansgirg var. *capitellatum* **Jao**

▶**形态学特征：**植物体单细胞；具4个角突，角突顶端各具一刺，刺顶端头状，细胞宽45 ～ 70μm（图6-40）。

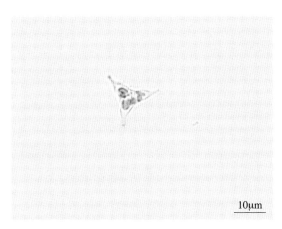

图6-40　三角四角藻具头变种*Tetraedron trigonum* var. *capitellatum*

（4c）三角四角藻乳头变种 *Tetraedron trigonum*（Naegeli）Hansgirg var. *papilliferum*

▶**形态学特征：**植物体单细胞，细胞三角形，扁平，三边等长。略内凹；角突顶端具1个长而尖的刺；细胞壁较厚而均匀，表面上密布有大小一致且略尖的颗粒，细胞宽48 ～ 53μm（图6-41）。

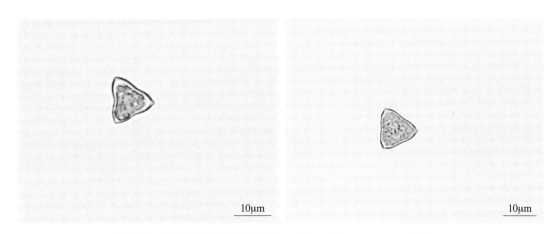

图6-41　三角四角藻乳头变种*Tetraedron trigonum* var. *papilliferum*

（5）三锥四角藻 *Tetraedron triangulare*

▶**形态学特征：**植物体单细胞，扁平，细胞三角形，边缘凹入或凸出，细胞壁平滑或有点纹；角突圆而具一细小乳头，细胞直径6 ～ 14μm（图6-42）。

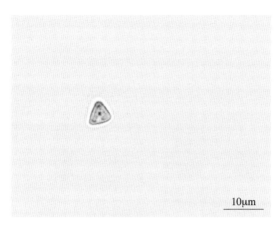

图 6-42　三锥四角藻 *Tetraedron triangulare*

（6）五角四角藻 *Tetraedron lobulatum*（Naegeli）Hansgirg

▶**形态学特征**：植物体单细胞，不扁平，边缘多凹入，具 5 个各具一刺的角突，只有 4 个位于同一平面上；细胞宽（6.5）8 ～ 11μm，刺长 2.5 ～ 3.5μm（图 6-43）。

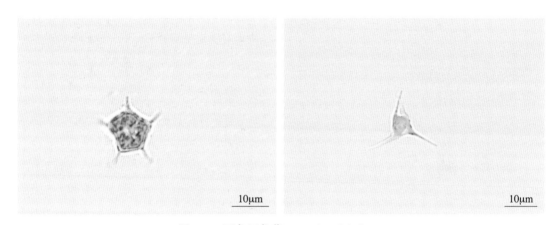

图 6-43　五角四角藻 *Tetraedron lobulatum*

（7）微小四角藻 *Tetraedron minimum*

▶**形态学特征**：植物体单细胞，侧扁，正面观十字形，侧面观为长椭圆形，具 4 个角突，极罕为 3 个，角突末端分叉为两个短的粗刺，边缘均内凹（图 6-44）。

多突藻属 Polyedriopsis Schmidle

▶**分类依据**：植物体单细胞，浮游，细胞扁平或微角锥状；多具四、五或多个角突，角端钝圆，每角突顶端具 3 ～ 10 根细长渐尖的刺；细胞壁边缘多凹入，罕有略凸出者；具 1 个周位、片状的色素体，1 个蛋白核。

▶**代表种类：**

（1）多突藻 *Polyedriopsis spinulosa* Schmidle

▶**形态学特征**：植物体单细胞，角锥形；具 5 个钝圆的角突，每角突顶端有 3 ～ 4

根细长的、向前渐尖的刺；具1个周位、片状的色素体，蛋白核1个。细胞长轴为16 ～ 24μm，短轴10 ～ 18μm，刺长17 ～ 28μm（图6-45）。

图6-44　微小四角藻 *Tetraedron minimum*

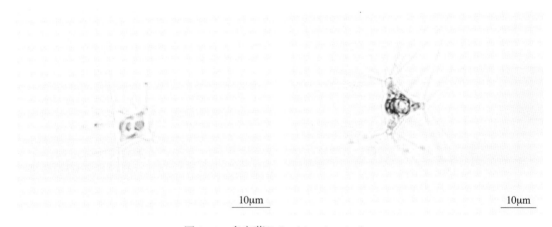

图6-45　多突藻 *Polyedriopsis spinulosa*

月牙藻属 *Selenastrum* Reinsch

▶**分类依据**：植物体常4、8或更多（16、32等）个细胞聚于一起。细胞为有规则的新月形，或镰形，两端尖；常以其背部凸出的部分互相接触而使外观呈较有规则的四边形；色素体1个，片状、周位。常位于细胞的中部，具一个或不具蛋白核。

▶**代表种类**：

（1）纤细月牙藻 *Selenastrum gracile* Reinsch

▶**形态学特征**：植物体每4个细胞聚集于一起，细胞新月形、镰形，两端渐狭而同向弯曲，以细胞的背部凸出部分相接触，有时8、16、32甚至64个细胞群集于一起，均无胶被；色素体1个，片状，侧位，位于细胞中部；具1个或不具蛋白核。细胞中部宽5 ～ 8μm，长20 ～ 30μm。两顶端直线距离4.5 ～ 6.3μm（图6-46）。

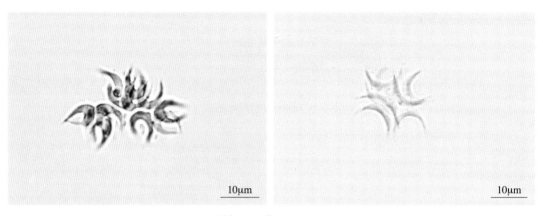

图6-46　纤细月牙藻 *Selenastrum gracile*

（2）端尖月牙藻 *Selenastrum westii* Smith

▶**形态学特征**：植物体常由4或8个细胞聚于一起。细胞新月形，以背部凸出部分相接触，两端狭长斜向伸出，顶端尖锐，有的两端略反向弯曲，色素体1个；具1个或不具蛋白核。细胞宽（1.5）2～2.7μm，长（13）20～30μm，两端直线距离（13）15～20（30）μm（图6-47）。

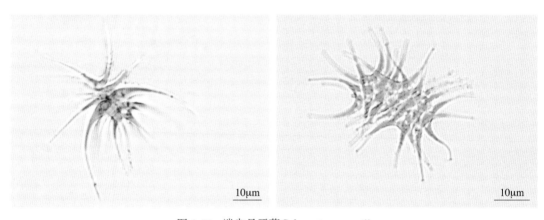

图6-47　端尖月牙藻 *Selenastrum westii*

纤维藻属 *Ankistrodesmus* Corda

▶**分类依据**：植物体单细胞，偶有胶被；2、4、8、16或更多个细胞聚集于一起，呈各种形态，具或不具共同胶被。细胞大多细长，纺锤形，直或弯曲，呈新月形或镰形；两端尖细，或较短，或较宽圆；色素体1个，周位，片状，偶有分瓣。

▶**代表种类：**

（1）针形纤维藻弯曲变种 *Ankistrodesmus acicularis* var. *sigmoides*

▶**形态学特征**：植物体单个细胞，细胞长纺锤形，长为最宽处的22～30倍，两侧边凸起程度略相等，两端向前渐尖，在接近于最前端处，两端均向同一方向略为弯曲。1个色素体，周位，片状，充满整个细胞，不具蛋白核。细胞直径4～4.5μm，长

100 ～ 125μm（图6-48）。

（2）纤细纤维藻 *Ankistrodesmus gracilis*

▶**形态学特征：**植物体罕为单个细胞，常4、8、16、32或更多细胞不规则地聚集，常具共同胶被，细胞新月形或镰刀形，两端尖细，聚集时以细胞背部凸出之处互相接触，具1个片状的色素体，无蛋白核，细胞直径2 ～ 4μm，长（13）30 ～ 40μm，细胞两端直线距离（6）8 ～ 34μm（图6-49）。

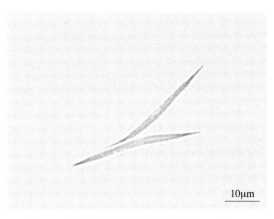

图6-48　针形纤维藻弯曲变种 *Ankistrodesmus acicularis* var. *sigmoides*

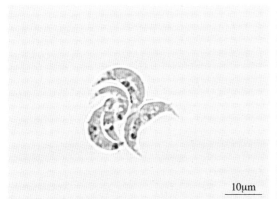
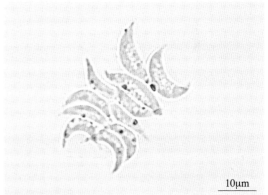

图6-49　纤细纤维藻 *Ankistrodesmus gracilis*

（3）镰形纤维藻成双变种 *Ankistrodesmus falcatus* var. *duplex*

▶**形态学特征：**植物体常2个细胞聚集于一起，呈线形连接，细胞直或略弯曲，细胞宽3.5μm，长18μm（图6-50）。

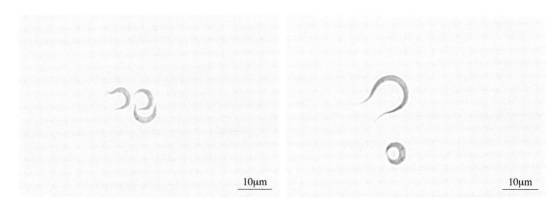

图6-50　镰形纤维藻成双变种 *Ankistrodesmus falcatus* var. *duplex*

（4）卷曲纤维藻Ankistrodesmus convolutus

▶**形态学特征**：植物体单细胞，较短而粗，形状多样，多弯曲成弓形或"S"形，自中部向两端略狭，不延长成针形，末端尖锐或钝圆，色素体单一，周生，片状，具一个蛋白核，细胞直径3.5～5μm，长11～30μm（图6-51）。

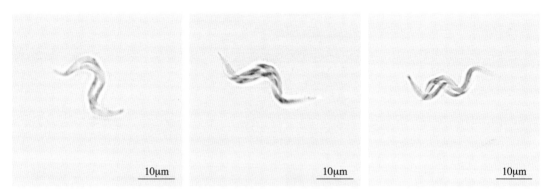

图6-51　卷曲纤维藻 Ankistrodesmus convolutus

（5）纺锤纤维藻Ankistrodesmus fusiformis

▶**形态学特征**：植物体极罕为单细胞，常由4、8、16或32个细胞聚于一起，而在长纺锤状细胞中部交叉接触，略呈十字状或放射状。细胞针状纺锤形，直或略弯曲，两端渐尖；色素体1个，周位，片状，充满整个细胞，无蛋白核，细胞直径1～6μm，长22～57μm（图6-52）。

*Chlorotetraedron*属

▶**分类依据**：从四角藻属分离出来重新命名，细胞有4条边，扁平或略扭曲，每个角叶状延伸并具刺。

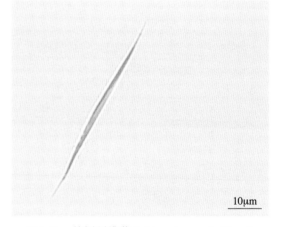

图6-52　纺锤纤维藻 Ankistrodesmus fusiformis

▶**代表种类**：

（1）*Chlorotetraedron incus*

▶**形态学特征**：植物体单细胞，具4个角突，细胞扁平四边形或四角锥形；四边略等长或不等长，内凹或不内凹或稍有凸出；4个角突前端各有一长度不等、向前渐尖、直或略弯的刺，细胞宽12～16μm，长14～18μm，刺长5～10μm（图6-53）。

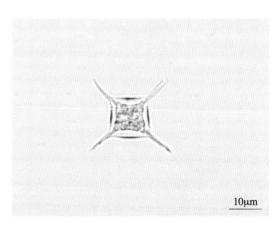

图6-53　*Chlorotetraedron incus*

假十字趾藻属*Pseudostaurastrum*

▶**分类依据：** 从四角属分离出来并重新命名，植物体单细胞，具角突。

▶**代表种类：**

（1）巨大假十字趾藻*Pseudostaurastrum enorme*

▶**形态学特征：** 植物体单细胞，细胞为边长不等的不规则四边形，具4个不在一个平面上的角突，两角突之间的边凹入。每个角突向外突出较短，宽窄不一，顶端二分叉或三分叉，分叉顶端具2～3个短而粗，且有时有不在一个平面上的刺，细胞宽40～45μm（图6-54）。

（2）戟形假十字趾藻*Pseudostaurastrum hastatum*

▶**形态学特征：** 植物体单细胞，边缘向内深凹而呈四角锥形或罕近于四角形；具4个狭长的角突，角突向前延伸较长，并略边狭窄，顶端具2（罕3）个短而光滑的刺，相邻两角突之间宽25～36μm，细胞直径17～20μm（图6-55）。

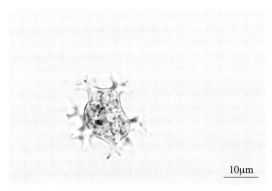

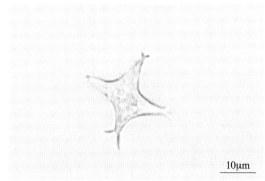

图6-54　巨大假十字趾藻*Pseudostaurastrum enorme*　　图6-55　戟形假十字趾藻*Pseudostaurastrum hastatum*

蹄形藻属*Kirchneriella* Schm.

▶**分类依据：** 植物体由（2）4、8、16、32或更多的细胞聚集于一个无色透明的共同胶被内，极罕有单细胞个体。细胞新月形、半月形、马蹄形或镰刀形，罕为圆锥形或不太对称的椭圆形；两端宽或狭窄，向前渐尖或圆而具尖；细胞不相紧贴，常有4个略靠近聚于一起，由此区分于月牙藻属。色素体1个，片状，周位。

▶**代表种类：**

（1）蹄形藻*Kirchneriella* sp.

▶**形态学特征：** 植物体由4、8、16、32、64个细胞聚集于一个近球形的共同胶被内。细胞新月形、镰刀形、外缘近圆形或内缘近卵形，两端渐尖；细胞不相紧贴，常每4个略靠近聚于一起，在胶被内，多以外缘凸出部分朝向共同的中心。胶被无色透明，常融溶而不可见。色素体1个，片状，充满整个细胞，具1个蛋白核，细胞直径（3）4.5～

8μm，长6～13μm；一个细胞的两端之间相距6～7μm，包括胶被直径80～220μm（图6-56）。

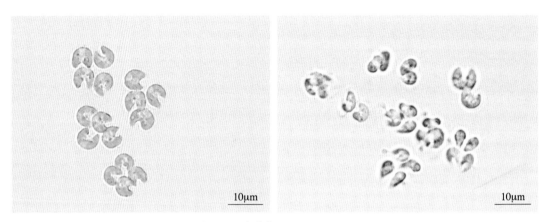

图6-56　蹄形藻*Kirchneriella* sp.

（2）敞口蹄形藻*Kirchneriella aperta*
▶**形态学特征**：开口呈"V"形（图6-57）。

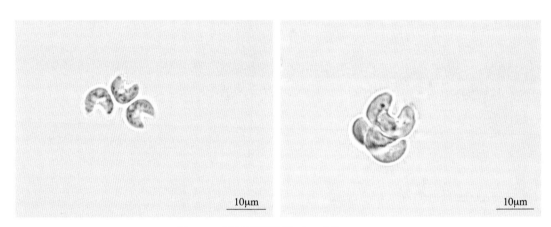

图6-57　敞口蹄形藻*Kirchneriella aperta*

（3）内弯蹄形藻*Kirchneriella incurvata*
▶**形态学特征**：细胞略螺旋状，中部弯曲较少而两端弯曲明显。细胞两端不对称，一端可能比另一端更尖。凹口严重弯曲以致细胞末端几乎接触或重叠（图6-58）。
（4）豆形蹄形藻*Kirchneriella phaseoliformis*
▶**形态特征**：植物体由4、8、16或更多的细胞聚集在一个共同的透明胶被内，细胞短，近于直，宽弘月形，侧面观可见其两个略光滑的圆端，正面观为椭圆形而具圆端，色素体1个，通常略偏在细胞凸出的部位，无蛋白核，细胞宽1.4～2μm，长3.5～4.5μm（图6-59）。

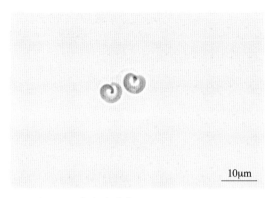

图6-58 内弯蹄形藻 *Kirchneriella incurvata*

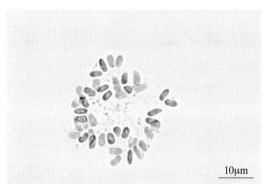

图6-59 豆形蹄形藻 *Kirchneriella phaseoliformis*

尖胞藻属 *Raphidocelis*

▶**分类依据：**植物体由4、8、16、32或更多的细胞聚集，外覆盖非常光滑而薄的胶被或无，细胞马蹄形或镰刀形。

▶**代表种类：**

（1）扭曲尖胞藻 *Raphidocelis contorta*

▶**形态特征：**细胞宽0.6 ~ 2μm，长为宽的6 ~ 10倍，螺旋状弯曲或各种扭曲。群体胶被中无母细胞壁残余物（图6-60）。

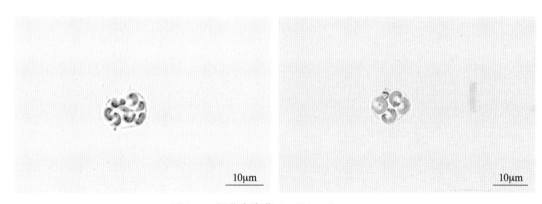

图6-60 扭曲尖胞藻 *Raphidocelis contorta*

（2）近头状尖胞藻 *Raphidocelis* sp.

▶**形态学特征：**有的植物体外覆盖非常光滑且薄的胶被。细胞羊角状、老细胞螺旋扭曲，细胞末端增厚近头状。无性繁殖形成2、4或8个似亲孢子，在母细胞壁内前后连续排列，通过细胞壁顶端破裂释放。色素体单个，侧位、长片状，光镜下蛋白核不明显（图6-61）。

纺锤藻属 *Elakatothrix* Wille

▶**形态特征：**植物体由2、4或更多个细胞聚集在一个透明的共同胶被内，罕为单个细胞。细胞多纺锤形，罕圆柱形，两端具尖或圆的末端，两侧常不对称；细胞壁薄；色素体1个，周位；具1 ~ 2个蛋白核（图6-62）。

图 6-61　近头状尖胞藻 *Raphidocelis* sp.

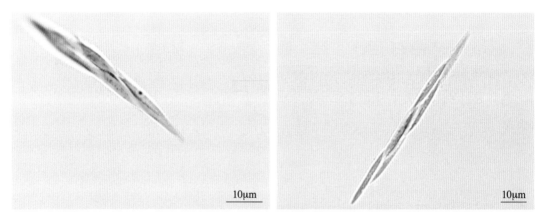

图 6-62　纺锤藻 *Elakatothrix* sp.

透明针形藻属 *Hyaloraphidium*

▶**形态学特征**：植物体单细胞，无胶被，细胞长纺锤体形，常极狭窄，直或弯曲或呈螺旋形，具尖锐的或略圆的末端，原生质灰色，缺叶绿体，在老细胞的原生质内可见脂肪质的球状小体，缺乏淀粉（图 6-63）。

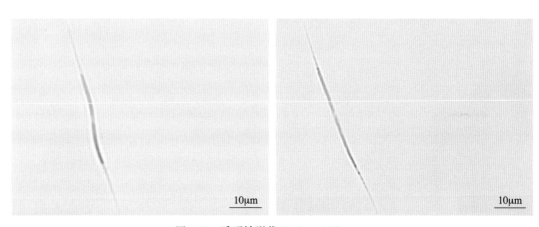

图 6-63　透明针形藻 *Hyaloraphidium* sp.

单针藻属 *Monoraphidium*

▶**分类依据**：植物体多为单细胞，无共同胶被，多浮游，细胞为或长或短的纺锤形，直或明显或轻微弯曲，成为弓形、近圆环形、"S"形或螺旋形等，两端多渐尖细，或较宽圆；色素体片状，周位，多充满整个细胞，罕在中部留有1个小空隙，不具或罕具1个蛋白核。

▶**代表种类**：

（1）**弓形单针藻 *Monoraphidium arcuatum***

▶**形态学特征**：植物体单细胞，浮游，细胞长纺锤形，常弯曲成圆弓形，两侧边大部分近于平行，两端渐狭，顶端各具一刺，色素体1个，片状，周位，充满整个细胞，无蛋白核，细胞宽2～5μm，长25～60μm（图6-64）。

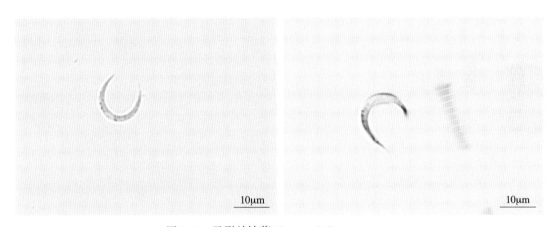

图6-64　弓形单针藻 *Monoraphidium arcuatum*

（2）**奇异单针藻 *Monoraphidium mirabile***

▶**形态学特征**：

植物体单细胞，极细长，略呈"S"形，或呈各式各样的弯曲，两端渐狭，前端极尖锐，色素体1个，充满整个细胞，但中部略有凹入，无蛋白核，细胞直径1.5～2.5（4.5）μm，长48～60（150）μm（图6-65）。

（3）**不规则单针藻 *Monoraphidium irregulare***

▶**形态学特征**：植物体单细胞，浮游，细胞长，纺锤形，有不规则的多次弯曲，或1～2圈螺旋状弯曲，两端渐狭，各具1细长尖端，两端或朝同一方向弯曲，或朝不同的方向弯曲；色素体1个，片状，周位；不具蛋白核，细胞宽1.5～5μm，细胞两顶端距离18～60μm，螺旋宽度4～20μm（图6-66）。

（4）**旋转单针藻 *Monoraphidium contortum***

▶**形态学特征**：植物体单细胞，浮游，细胞长纺锤形、"S"形或螺旋状弯曲或扭曲，螺旋只有0.5～1圈，两端渐狭，各在顶端成为较长的细尖，色素体1个，片状，周位，不具蛋白核，细胞宽1～5μm，长25～40μm（图6-67）。

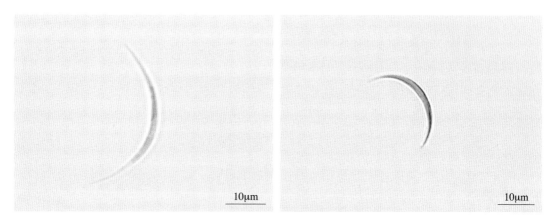

图6-65　奇异单针藻Monoraphidium mirabile

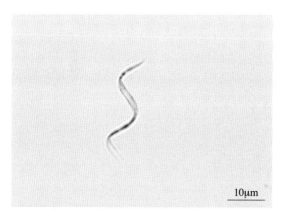

图6-66　不规则单针藻Monoraphidium irregulare

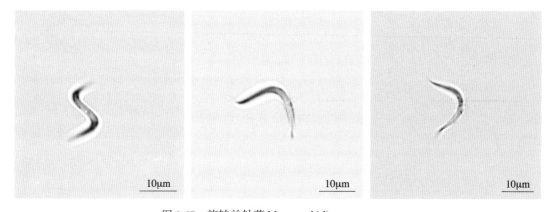

图6-67　旋转单针藻Monoraphidium contortum

（5）格里佛单针藻Monoraphidium griffithii

▶**形态学特征**：植物体单细胞，浮游，细胞狭长纺锤形，直或轻微弯曲，两端直而渐尖，色素体1个，周位，片状，无蛋白核，细胞宽2～4μm，长45～75μm（图6-68）。

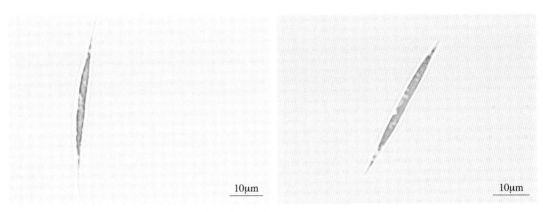

图6-68　格里佛单针藻 *Monoraphidium griffithii*

假并联藻属 *Pseudoquadrigula*

▶**分类依据**：细胞纺锤形，常2、4或8个一组，以其长轴互相平行纵列，色素体1个，杯状，周位。

▶**代表种类**：

（1）假并联藻 *Pseudoquadrigula britannica*

▶**形态学特征**：植物体浮游，由4、8个或更多的细胞聚集；常2、4或8个一组，以其长轴互相平行纵列，上下两头常平齐。细胞纺锤形，常有一边略弯曲或细胞略呈新月形，两端渐细，细胞宽2～6μm，长20～30μm（图6-69）。

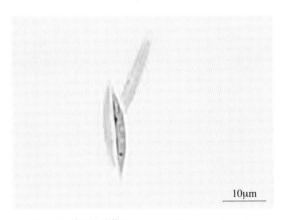

图6-69　假并联藻 *Pseudoquadrigula britannica*

绿藻纲Chlorophyceae

绿球藻目Chlorococcales

卵囊藻科Oocystaceae

卵囊藻属*Oocystis* Näg.

▶**分类依据**：植物体单细胞，浮游。色素体1个或多个，多为周位或侧位，每个色素体内具1个或不具蛋白核。

▶**代表种类**：

（1）湖生卵囊藻*Oocystis lacustris* Chodat

▶**形态学特征**：植物体单细胞，浮游。母细胞壁扩大并胶化，内含2～4(8)个细胞，细胞纺锤形，两端渐尖，细胞壁具短圆锥状加厚；色素体1～4个，片状，周位；各具1个蛋白核。细胞宽10～15μm，长18～25μm（图6-70）。

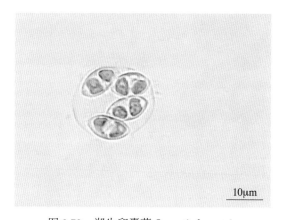

10μm

图6-70　湖生卵囊藻*Oocystis lacustris*

（2）波吉卵囊藻*Oocystis borgei* Snow

▶**形态学特征**：植物体单细胞，浮游。在扩大胶化的母细胞壁内含2～4(8)个细胞；细胞宽圆形，两端广圆；细胞壁不具加厚；色素体1～2个，盘状，周位；各具1个蛋白核，细胞壁宽11～15μm，长12～30μm（图6-71）。

（3）椭圆卵囊藻*Oocystis elliptica* W. West

▶**形态学特征**：细胞柱状长圆形，两端广圆；细胞壁无圆锥状增厚；色素体10～20个，盘状；不具蛋白核。细胞宽7～16μm，长15～31μm（图6-72）。

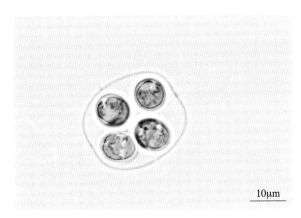

10μm

图6-71　波吉卵囊藻*Oocystis borgei*

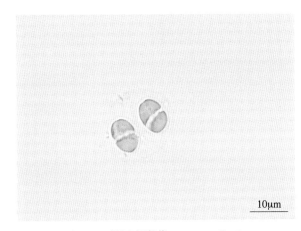

10μm

图6-72　椭圆卵囊藻*Oocystis elliptica*

绿藻纲Chlorophyceae

绿球藻目Chlorococcales

网球藻科Dictyosphaeraceae

网球藻属Dictyosphaerium Naegeli

▶**分类依据**：集结体由2、4、8、16或32个细胞构成，常包被在一共同的胶被之内，浮游；细胞球形、卵形、椭圆形或肾形；集结体由母细胞壁的参与部分所形成的略呈十字形的分支，经二分叉或四分叉或由膜状薄片将彼此分离的细胞连接而成，母细胞壁残余不分离的部分即是中心体的中心部位。色素体1个，杯状，周位或位于细胞基部，具1个或不具蛋白核。

▶**代表种类**：

（1）网球藻*Dictyosphaerium ehrenbergianum*

▶**形态学特征**：集结体球形或卵圆形，常8、16或64个细胞，包被在无色透明的胶被之内；细胞椭圆形或卵形，每个细胞在长轴一侧中部与胶柄的一端连接，每两个一组构成二分叉式的胶质柄分枝，每组的胶质柄再相互连接，与来自母细胞壁中央的连接构造共同形成集结体；色素体1个，片状，侧位；具1个蛋白核，细胞直径3～7μm，长4～10μm（图6-73）。

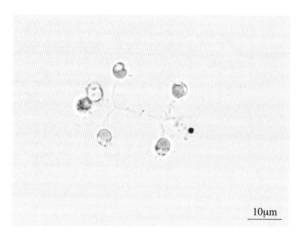

10μm

图6-73　网球藻*Dictyosphaerium ehrenbergianum*

（2）四叉网球藻*Dictyosphaerium tetrachotomum*

▶**形态学特征**：集结体常由4、8、16、32、64个细胞组成，包被在共同的卵形的透明胶被中；细胞卵形，常4个细胞一组；各以狭端附着在放射状二分叉的胶质丝柄顶端；色素体单个，杯状；具1个蛋白核；细胞直径6～8μm（图6-74）。

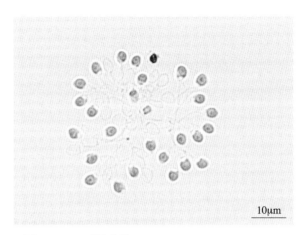

图6-74　四叉网球藻 *Dictyosphaerium tetrachotomum*

（3）美丽网球藻 *Dictyosphaerium pulchellum*

集结体球形或阔卵形，由4、8、16、32或更多细胞组成，具共同的透明胶被，细胞球形，与重复二分叉的胶质柄末端相连；而近于透明胶被的边缘，常4个细胞一组；色素体1个，杯状，多位于细胞基部；具1个蛋白核，细胞直径3～10μm（图6-75）。

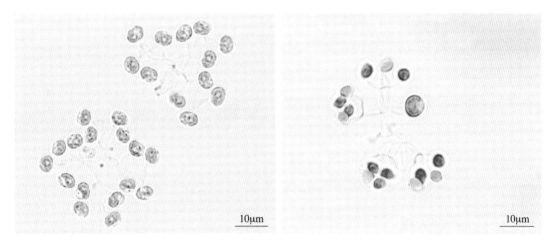

图6-75　美丽网球藻 *Dictyosphaerium pulchellum*

绿藻纲Chlorophyceae

绿球藻目Chlorococcales

四棘藻科 Treubariaceae

四棘藻属 *Treubaria* Bernard

▶**分类依据**：植物体单细胞，浮游。外有胶被，但常不易见到；细胞球形或近球形，侧面常内凹，使细胞具数个圆顶状分瓣；细胞壁薄而光滑，外有一层无色、罕为褐色的被膜；被膜向外伸出3、4或更多（多达8个）极为显著的形态各异的突出的角；角中空，基部常较宽，前延伸部分多具平行的两边，至顶端或渐窄、或渐细，罕为细长的刺；所有的角在或不在同一个平面上，连接各角的顶端可看出整个细胞为三角形或四角锥形或不规则的多角立体锥形。色素体在幼时单一，杯状，老时成为多个，块状或网状，充满整个细胞。

▶**代表种类：**

（1）**粗刺四棘藻** *Treubaria crassispina*

▶**形态学特征**：植物体单细胞，三角锥形或近三角形，具圆柱形刺，刺较粗，两侧边平行，呈柱状，顶端急尖，细胞不包括刺直径12～15μm，刺长30～60μm，粗4～6μm（图6-76）。

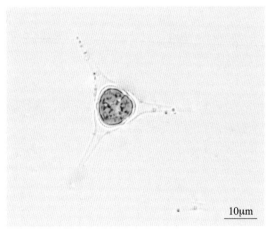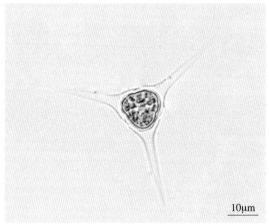

图6-76　粗刺四棘藻 *Treubaria crassispina*

绿藻纲Chlorophyceae

绿球藻目Chlorococcales

水网藻科Hydrodictyaceae

盘星藻属*Pediastrum* Meyen

▶**分类依据：**植物体浮游；由4、8、16、32、64或128个细胞排列成一层细胞厚的真性集结体；集结体圆盘状、星状，有时卵形或略不整齐；无穿孔或具穿孔；外缘细胞常具1、2或4个角突，有时突起上具胶质毛丛；内层细胞常为多角形，具或不具角突；细胞壁较厚，表面光滑或具颗粒或网纹；幼细胞色素体周生，圆盘状，具1个蛋白核。

▶**代表种类：**

（1a）**单角盘星藻原变种*Pediastrum simplex* Meyen**

▶**形态学特征：**集结体由8或16个细胞组成，无穿孔或具极小穿孔；外层细胞略呈五边形，外侧的两边延长成一渐窄的角突，周边凹入；内层细胞五或六边形，细胞壁光滑或具颗粒；外层细胞长（10）26～33μm，角突长（10）13～21μm，宽（5）13μm；内层细胞长（7）10～18μm，宽（8）10～16μm）（图6-77）。

（1b）**单角盘星藻具孔变种*Pediastrum simplex* var. *duodenarium*（Bailey）Rabenhorst**

▶**形态学特征：**本变种特点是集结体具大穿孔；细胞近三角形，三边均凹；外层细胞具尖而长的角突。外层细胞长26～33μm，角突长13～21μm，宽13～17μm；内层细胞长17～18μm，宽10～26μm（图6-78）。

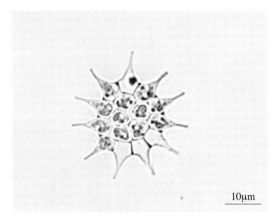

10μm

图6-77 单角盘星藻原变种*Pediastrum simplex*

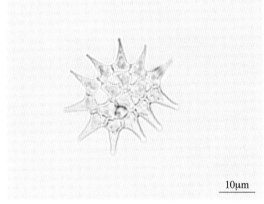

10μm

图6-78 单角盘星藻具孔变种*Pediastrum simplex* var. *duodenarium*

（1c）**单角盘星藻颗粒变种*Pediastrum simplex* var. *granulatum* Lemmermann**

▶**形态学特征：**本变种与原变种不同之处在于细胞壁具颗粒，生长于池塘中（图6-79）。

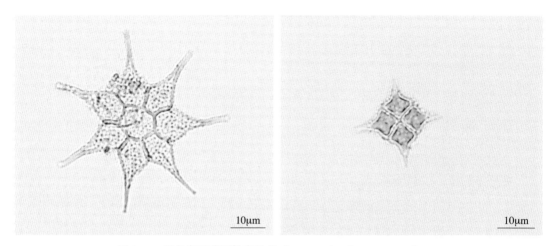

图6-79　单角盘星藻颗粒变种 *Pediastrum simplex* var. *granulatum*

（2a）短棘盘星藻原变种 *Pediastrum boryanum*（Turpin）Meneghini

▶**形态学特征**：集结体由8、16、32或64个细胞组成，无穿孔。外层细胞具2个前端钝圆的短角突；两角突间具较深的缺刻；细胞五至多边形，细胞壁具颗粒；集结体直径40～89μm；外层细胞长9～17μm（其中角突长4～5μm），宽8～16μm；内层细胞长8～12μm，宽9～18μm（图6-80）。

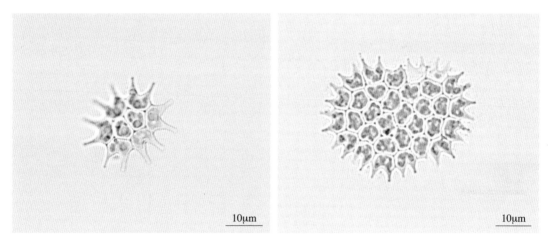

图6-80　短棘盘星藻原变种 *Pediastrum boryanum*

（2b）短棘盘星藻长角变种 *Pediastrum boryanum* var. *longicorne*

▶**形态学特征**：本变种外层细胞具2个延伸的长角突，角突顶端常膨大成小球状（图6-81）。

（3a）二角盘星藻大孔变种 *Pediastrum boryanum* var. *clathratum*

▶**形态学特征**：本变种具较大的穿孔，其直径可达10μm，4个细胞的集结体呈中央大孔；内层细胞不为正方形（图6-82）。

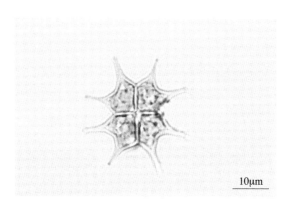

图6-81　短棘盘星藻长角变种*Pediastrum boryanum* var. *longicorne*

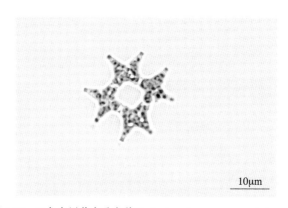

图6-82　二角盘星藻大孔变种*Pediastrum boryanum* var. *clathratum*

（3b）二角盘星藻纤细变种*Pediastrum duplex* var. *gracillimum* West et G. West

▶**形态学特征**：本变种细胞狭长，细胞宽度与角突的宽度约相等，内外层细胞同形（图6-83）。

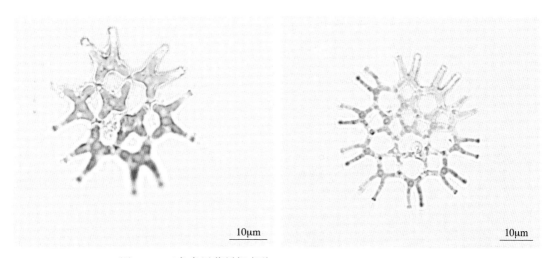

图6-83　二角盘星藻纤细变种*Pediastrum duplex* var. *gracillimum*

（3c）二角盘星藻网状变种 *Pediastrum duplex* var. *reticulatum*

▶ **形态学特征**：本变种具大型穿孔，外层细胞具两个长而近平行的角突，角突中部膨大，尖端变细，顶端平截（图6-84）。

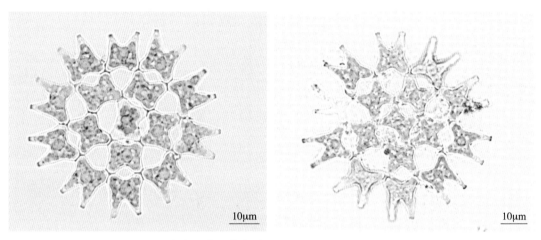

图6-84　二角盘星藻网状变种 *Pediastrum duplex* var. *reticulatum*

（4a）四角盘星藻 *Pediastrum tetras*（Ehrenberg）Ralfs

▶ **形态学特征**：集结体由4、8或16个细胞组成，无穿孔；外层细胞钝齿形，外缘具线形到楔形的深缺刻，被缺刻分裂的2个裂瓣在靠近细胞表层的外壁或浅或深地凹入，细胞间相连接处约为细胞长度的2/3；内层细胞为近直径的四至六边形，具一明显的线形缺刻；细胞壁光滑；4、8个细胞的集结体直径分别为16 ~ 21μm，21 ~ 23μm；外层细胞长7 ~ 11μm（其中角突长3 ~ 4μm，罕为5 ~ 6μm），宽5 ~ 10μm；内层细胞长7 ~ 8μm，宽5 ~ 10μm（图6-85）。

广布种。

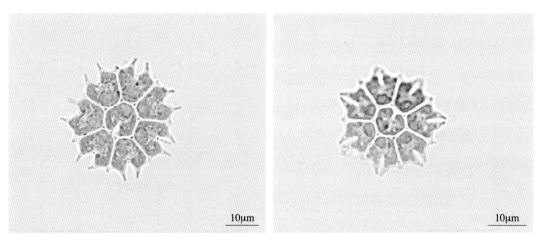

图6-85　四角盘星藻 *Pediastrum tetras*

（4b）四角盘星藻四齿变种 *Pediastrum tetras* var. *tetraodon*

▶**形态学特征：** 本变种在集结体外层细胞的外壁具深缺刻，被缺刻分成的2个裂瓣的外壁延伸成2个尖的角突，一个较长，另一个较短（图6-86）。

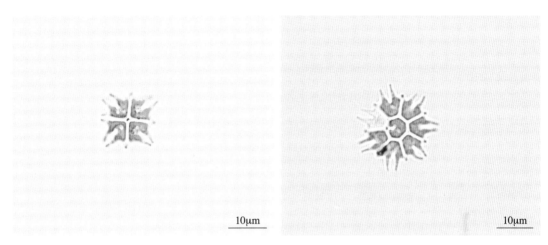

图6-86　四角盘星藻四齿变种 *Pediastrum tetras* var. *tetraodon*

（4c）四角盘星藻尖头变种 *Pediastrum tetras* var. *apiculatum*

▶**形态学特征：** 本变种外层细胞的角突顶端具陡然出现的小尖角（图6-87）。

图6-87　四角盘星藻尖头变种 *Pediastrum tetras* var. *apiculatum*

（5）具孔盘星藻 *Pediastrum clathratum*

▶**形态学特征：** 集结体由16或32个细胞组成，具显著穿孔，外层细胞略呈等腰三角形，其中两侧边向等腰三角形的中轴线凹入，并形成一个长角突；细胞间以其基部紧密挤压而连接；内层细胞多角形，未与其他细胞连接处的细胞壁均向内凹陷；细胞壁光滑，集结体直径68～74μm；外层细胞长14～16.5μm（其中角突长8～11μm），宽8～10μm；内层细胞长12～19μm，宽8～9μm（图6-88）。

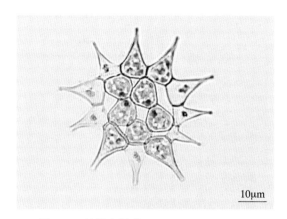

图6-88　具孔盘星藻 *Pediastrum clathratum*

（6）整齐盘星藻 *Pediastrum integrum*

▶**形态学特征**：集结体由8、16、32个细胞组成，无穿孔，外层细胞边缘微凹、平整或具2个短小角突；细胞常为五边形，罕为六边形；细胞壁具颗粒；32个细胞的集结直径为91～107μm；外层细胞长10～18μm（其中角突长1.5～4.5μm），宽10～21μm，内层细胞长9～16μm，宽10～17μm（图6-89）。

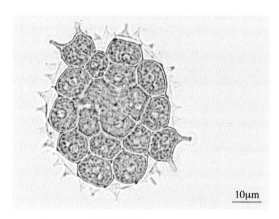

图6-89　整齐盘星藻 *Pediastrum integrum*

绿藻纲 Chlorophyceae

绿球藻目 Chlorococcales

空星藻科 Coelastraceae

空星藻属 *Coelastrum* Nägeli

▶**分类依据**：植物体由4、8、16、32、64或128个细胞组成中空的集结体；集结体球形或椭圆形，细胞数目较少的种类为立方形或四面体；细胞球形、卵形或多角形，以细胞壁与细胞壁的突起互相连接；除连接部分外，胞壁表面光滑、部分增厚或具管状突起；具细胞间隙；细胞幼时色素体杯状，成熟后扩散，常充满整个细胞；具1个蛋白核。

▶**代表种类**：

（1）小空星藻 *Coelastrum microporum* Nägeli

▶**形态学特征**：集结体球形或卵形，由8、16、32个细胞组成，罕有64个细胞的；细胞间以细胞壁相连接；细胞间隙小于细胞直径；细胞球形或近球形，为薄的胶鞘所包被；细胞壁平滑，无胶质突起，细胞直径4～18μm（图6-90）。

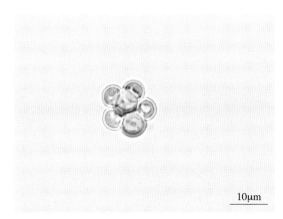

10μm

图6-90　小空星藻 *Coelastrum microporum*

（2）印度空星藻 *Coelastrum indicum*

▶**形态学特征**：集结体球形，由8、16、32、64个细胞组成，细胞球形到卵圆形，顶面观五或六角形，外部细胞外侧游离壁向外突出，顶端略增厚；细胞间以4～6个短的胶质突起相连接，细胞间隙小，常呈三角形；细胞直径3.6～15μm，集结体直径30～84μm，胶质突起宽5～7μm（图6-91）。

（3）星状空星藻 *Coelastrum astroideum*

▶**形态学特征**：集结体球形，由8、16、32或64个细胞组成，中空，中部孔隙大，顶面观四边形或五边形，细胞卵形到三角形，侧面观基部钝圆，细胞壁平滑，常在游离一侧的顶端增厚；相邻细胞以基部相互连接，但没明显的连接带，色素体单一，片状，周位，具1个蛋白核，细胞基部直径3～10μm，长5～15μm（图6-92）。

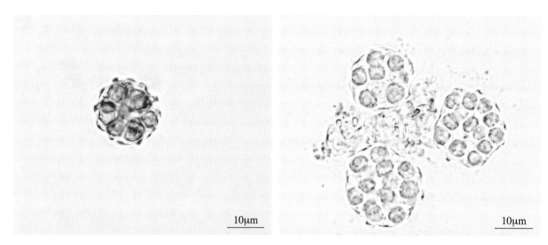

图6-91　印度空星藻 *Coelastrum indicum*

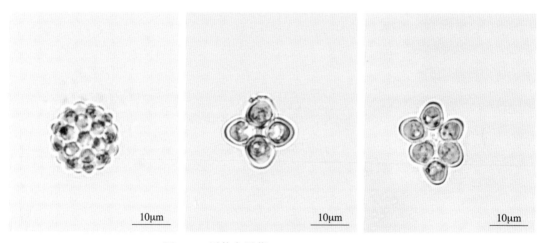

图6-92　星状空星藻 *Coelastrum astroideum*

（4）伪小空星藻 *Coelastrum pseudomicroporum*

▶**形态学特征**：集结体球形，由8、16、32个细胞规则排列而成，每个细胞与相邻的4～6个细胞相连接；细胞间隙小，三或四角形；细胞卵形，顶端通常加厚；细胞大小（5.2～14.2）μm×（5.2～7）μm；集结体直径为35～43μm（图6-93）。

集星藻属 *Actinastrum* Lagerheim

▶**分类依据**：植物体为真性集结体，单一或复合，浮游，无胶被；常由4、8、16个细胞组成；细胞柱状长圆形、棒状纺锤形或截顶长纺锤形，各细胞以一端在集结体中心相连接，呈放射状排列；色素体单一，片状，周位，边缘不规则；具1个蛋白核。

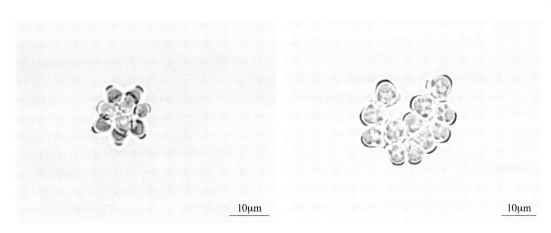

图6-93　伪小空星藻 *Coelastrum pseudomicroporum*

▶**代表种类：**

（1）拟针形集星藻 *Actinastrum raphidioides*（Reinsch）Brunnthaler

▶**形态学特征：** 集结体由8或16个细胞组成，各细胞以基部相互连接，呈放射状排列；细胞直，圆柱形，外侧游离端尖锐，基端截平，两侧壁近直互相平行；色素体单一，片状，周位，具1个蛋白核，细胞直径2～5μm，长10～30μm（图6-94）。

（2）河生集星藻 *Actinastrum fluviatile*（Schroeder）Fott

▶**形态学特征：** 集结体由8个细胞组成；以基部相互连接呈放射状排列；细胞纺锤形；游离端尖锐，基端微钝；色素体单一，有时为2个，周生，片状；具1个蛋白核；细胞直径2～5μm，长8～35μm（图6-95）。

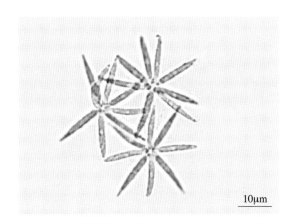

图6-94　拟针形集星藻 *Actinastrum raphidioides*

（3）近角形集星藻 *Actinastrum subcornutum*

▶**形态学特征：** 集结体由4或8个细胞组成，各细胞以基部相互连接，呈放射状排列，细胞近角状，基部广圆，向顶端渐尖并稍微弯曲，具1个蛋白核，细胞直径2.5～

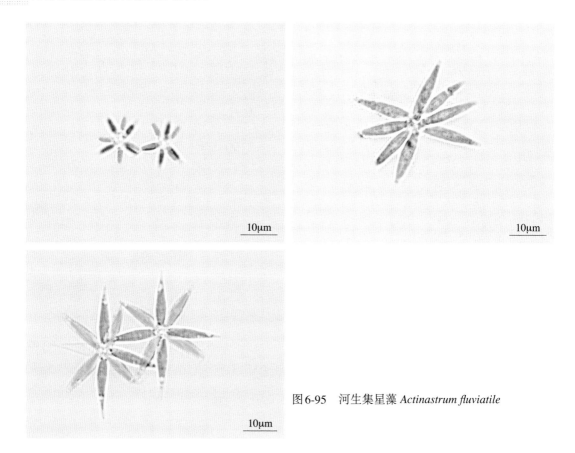

图6-95　河生集星藻 *Actinastrum fluviatile*

3.5μm，长15～25μm（图6-96）。

（4）小形集星藻 *Actinastrum gracillimum*

▶**形态学特征**：集结体由8或16个细胞组成；细胞直，柱状长圆形，顶端截圆，中部的宽度等于或略小于顶端的宽度，长为宽的5～6倍；色素体单一；具1个蛋白核或缺如；细胞直径1.2～4μm，长7～21μm（图6-97）。

图6-96　近角形集星藻 *Actinastrum subcornutum*

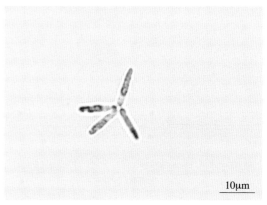

图6-97　小形集星藻 *Actinastrum gracillimum*

绿藻纲 Chlorophyceae

绿球藻目 Chlorococcales

栅藻科 Scenedsmaceae

四星藻属 *Tetrastrum* Chodat

▶**分类依据**：集结体由4个细胞组成，十字形排列在一个平面上，中心具或不具1个小孔；细胞近三角形或卵圆形；细胞壁平滑，或具颗粒或刺；色素体单一，片状，周位；具或不具蛋白核。

▶**代表种类：**

（1）**短刺四星藻** *Tetrastrum staurogeniaeforme*（Schroeder）Lemmann

▶**形态学特征**：集结体由4个细胞组成，呈十字形排列，中央具或不具小孔隙；细胞三角形或卵圆形；外侧游离壁凸出呈圆形，具4～6根短刺；色素体单一，圆盘状，周生；具或不具蛋白核；细胞直径3～8μm，刺长2～6μm，集结体直径6～17μm（图6-98）。

（2）**优美四星藻** *Tetrastrum elegans*

▶**形态学特征**：集结体由4个细胞组成，中央具1个小孔；细胞三角形，外侧凸出，呈广圆形，正中具1根或细或粗的长刺；色素体片状，周生；具1个蛋白核；细胞直径3～16.5μm，刺长7～20μm（图6-99）。

10μm	10μm

图6-98　短刺四星藻 *Tetrastrum staurogeniaeforme*　　　　图6-99　优美四星藻 *Tetrastrum elegans*

（3）**平滑四星藻** *Tetrastrum glabrum*

▶**形态学特征**：集结体由4个细胞组成，细胞锥形，两侧壁平直，外侧壁钝圆，细胞壁平滑，色素体单一，片状，周生，具1个蛋白核，细胞直径2～8μm（图6-100）。

假四星藻属 *Pseudotetrastrum*

▶**分类依据**：集结体由4个细胞组成，十字形排列在一个平面上，细胞近扇形；细胞壁具颗粒；色素体单一，片状，周位。

▶**代表种类：**

（1）孔纹假四星藻 *Pseudotetrastrum punctatum*

▶**形态学特征：**集结体由4个细胞组成，十字形排列在一个平面上，细胞近扇形；细胞壁具颗粒；色素体单一，片状，周位（图6-101）。

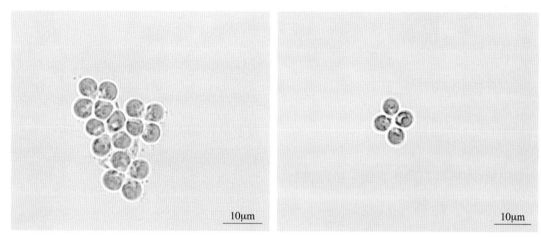

图6-100　平滑四星藻 *Tetrastrum glabrum*

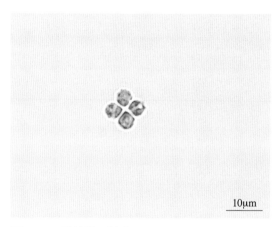

图6-101　孔纹假四星藻 *Pseudotetrastrum punctatum*

十字藻属 *Crucigenia* Morrer

▶**分类依据：**植物体由4个细胞呈十字形排列，组成真性集结体，单一或复合，浮游；常具不明显的胶被；顶面观方形、长方形或偏菱形，中央具或不具空隙；细胞三角形、梯形、椭圆形或半圆形；每个细胞具1个色素体，片状，周位；具1个蛋白核。

▶**代表种类：**

（1）四足十字藻 *Crucigenia tetrapedia*（Kirchner）West

▶**形态学特征：**集结体由4个细胞组成，方形，有时近圆形，中央孔隙小；常形成16

个细胞的复合集结体；细胞三角形，两端钝圆，外侧壁游离面平直，有时略内凹或外凸；细胞直径2.5～12μm；长5～10μm（图6-102）。

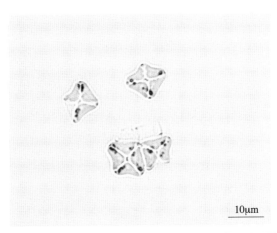

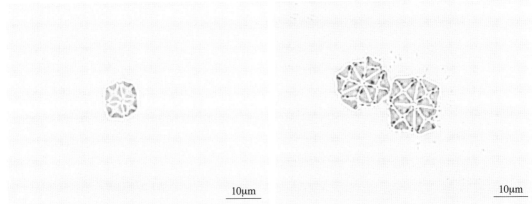

图6-102　四足十字藻 *Crucigenia tetrapedia*

（2）四角十字藻 *Crucigenia quadrata* Morren

▶**形态学特征**：集结体由4个细胞组成，近圆形，中央孔隙呈方形，4个细胞的集结体常相互连接成16个细胞的复合集群体；细胞近球形，近集结体中央的细胞壁因挤压而呈垂直的两边，外侧游离壁明显凸出；细胞壁平滑或具1～6个小突起；色素体1～4个，盘状，周位；具或不具蛋白核；细胞直径1.5～6μm，长3～7μm（图6-103）。

（3）刺毛十字藻 *Crucigenia setifera*

▶**形态学特征**：植物体浮游，由4个细胞组成长方形的板状集结体，集结体中央孔隙为方形，外具不明显的胶被，常由胶被将单一集结体粘连在一个平面上，形成板状的复合集结体，细胞近月形至微弯的长柱形，外缘微凹或平直，内缘弓形，两端钝圆，各具1根细长的刺毛，色素体片状，周生，具1个蛋白核，细胞直径2～3μm，长6～10μm，刺毛长6～12μm（图6-104）。

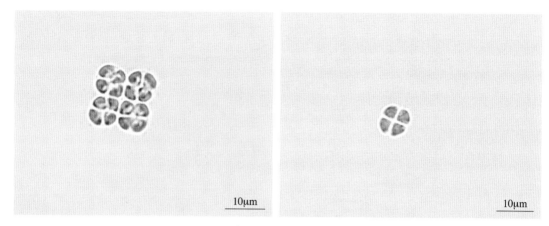

图6-103　四角十字藻 *Crucigenia quadrata*

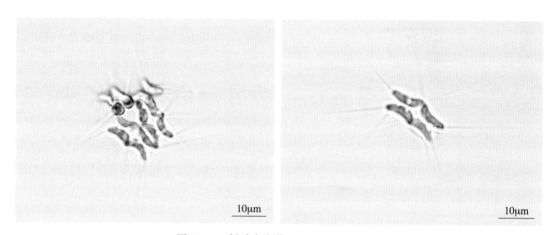

图6-104　刺毛十字藻 *Crucigenia setifera*

（4）铜钱形十字藻 *Crucigenia fenestrata*

▶**形态学特征**：集结体由4个细胞组成，中央孔隙呈方形，细胞椭圆形，以内壁相连接；色素体1个，周生，片状，细胞直径2～4.5μm，长6～9μm（图6-105）。

（5）华美十字藻 *Crucigenia lauterbornii*

▶**形态学特征**：群体的4个细胞仅顶端部分细胞壁连接，其中心具方形的细胞间隙，子定形群体常为母细胞壁或胶质包被，形成16个细胞的复合定形群体。群体细胞近半球形。色素体1个，位于细胞外侧凸出面，具1个蛋白核。细胞宽5～9μm，长8～15μm（图6-106）。

（6）方形十字藻 *Crucigenia rectangularis*

▶**形态学特征**：集结体由4个细胞组成，长方形或椭圆形，排列较规则，中央空隙呈方形；细胞卵形或长卵形，顶端钝圆，外侧游离壁略外凸；以底部和侧壁与邻近细胞连接；细胞直径2.5～7μm，长5～10μm（图6-107）。

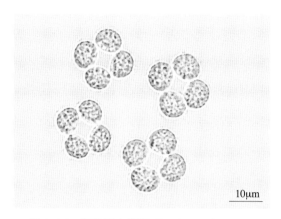

图6-105　铜钱形十字藻 *Crucigenia fenestrata*

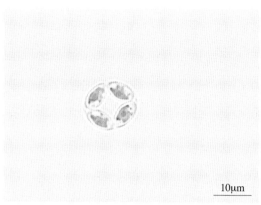

图6-106　华美十字藻 *Crucigenia lauterbornii*

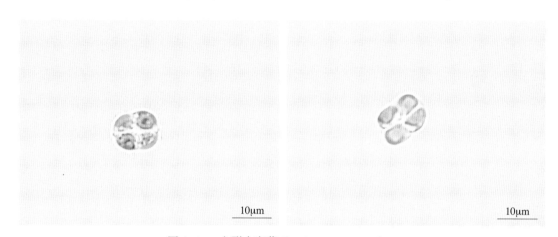

图6-107　方形十字藻 *Crucigenia rectangularis*

拟韦斯藻属 *Westellopsis* Jao

▶**分类依据**：植物体为复合真性集结体，由残存的母细胞壁连接，每个集结体由4个细胞组成，线形排列，细胞依次紧相连接。细胞球形，色素体1个，杯状，周生；不具蛋白核。

▶**代表种类**：

（1）线形拟韦斯藻 *Westellopsis linearis*

▶**形态学特征**：种特征同属，集结体具共同胶被；细胞直径3～6μm（图6-108）。

韦氏藻属 *Westella* Wildeman

▶**分类依据**：植物体为复合原始集结体，各集结体由残存的母细胞壁相联系，有时具胶被；集结体由4个细胞组成，呈四方形紧密排列在一平面上；细胞球形或近球形；色素体周生，杯状，在老细胞中常分散；具1个蛋白核。

▶**代表种类**：

（1）葡萄韦氏藻 *Westella botryoides*

▶**形态学特征**：植物体由16、32或更多个细胞组成，具或不具胶被；细胞顶面观长圆形，侧面观球形，常由4个细胞以其狭端相接；呈金字塔或十字形排列成1个集结体，但常只有一对细胞的狭端直接接触，另2个细胞的狭端不能相接触；各集结体以母细胞壁残余相连接成为复合集结体；色素体单一，杯状，具1个蛋白核；细胞直径2.5～9μm，长6.5～9μm（图6-109）。

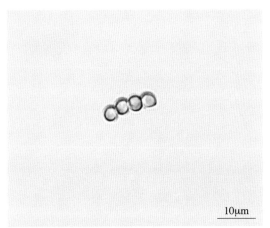

| 图6-108　线形拟韦斯藻 *Westellopsis linearis* | 图6-109　葡萄韦氏藻 *Westella botryoides* |

栅藻属 *Scenedesmus* Mey.

▶**分类依据**：集结体由2、4或8个，罕由16或32个细胞组成，细胞依其长轴在一平面上线形或交错地排列成1列或2列；集结体内各细胞同形，或两端的与中间的异形；细胞呈长圆形、卵圆形、椭圆形、圆柱形、纺锤形、新月形或肾形；细胞壁平滑，或具刺、齿等，通常细胞顶端及侧缘具长刺或齿状突起或缺口；幼细胞色素体单一、周生，常具1个蛋白核，老细胞色素体充满整个细胞。

▶**代表种类**：

（1）双对栅藻 *Scenedesmus bijuga*

▶**形态学特征**：定形群体扁平，由2、4或8个细胞所组成，各细胞排列成一直线（偶尔亦有呈交错排列的）。细胞卵形，长椭圆形，两端宽圆；细胞壁平滑；4细胞的群体宽16～25μm；单细胞长28～45μm，宽7～18μm（图6-110）。

（2）弯曲栅藻 *Scenedesmus arcuatus*

▶**形态学特征**：定形群体弯曲，由4、8或16个细胞组成，以8个细胞组成的群体最为常见。群体细胞通常排成上下2列，有时略有重叠；上下2列细胞系交互排列。细胞卵形或长圆形。细胞壁平滑。8个细胞的群体宽为14～25μm，高达18～40μm，细胞宽4～9.4μm，长为9～17μm（图6-111）。

（3）二形栅藻 *Scenedesmus dimorphus*

▶**形态学特征**：定形群体扁平，由2、4、8个细胞组成，一般常见的为4个细胞的群体。群体细胞并列于一直线上；中间部分的细胞纺锤形，上下两端渐尖，直立；两

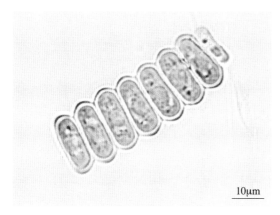

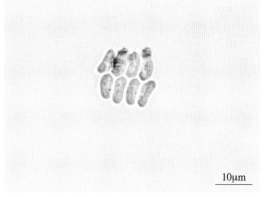

图6-110　双对栅藻 *Scenedesmus bijuga*　　　　图6-111　弯曲栅藻 *Scenedesmus arcuatus*

侧细胞极少垂直，成镰形或新月形，上下两端亦渐尖。细胞壁平滑。4个细胞的群体宽 11 ~ 20μm，单细胞宽 3 ~ 5μm，长为 16 ~ 23μm（图6-112）。

（4）爪哇栅藻 *Scenedesmus javaensis*

▶**形态学特征**：定形群体为锯齿状，由2、4、8个细胞组成。群体细胞为梭形或新月形，外侧部分细胞为镰刀形；中间部分的细胞，仅以其逐渐尖细的顶端与邻近细胞中部的侧壁连接，形成锯齿状曲折。细胞壁平滑。4个细胞的群体宽 30 ~ 40μm，单细胞宽 2.7 ~ 5μm，长为 12.5 ~ 22μm（图6-113）。

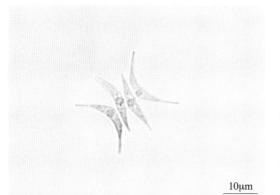

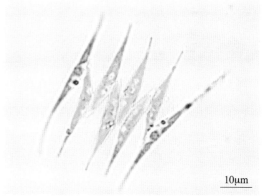

图6-112　二形栅藻 *Scenedesmus dimorphus*　　　　图6-113　爪哇栅藻 *Scenedesmus javaensis*

（5）齿牙栅藻 *Scenedesmus denticulatus*

▶**形态学特征**：定形群体扁平，通常由4个细胞组成，群体中的细胞并列成一直线，或互相交错排列。细胞卵形、椭圆形；每个细胞的上下两端或一端上，具 1 ~ 2 个齿状凸起。4个细胞的群体宽 20 ~ 28μm，单细胞宽 7 ~ 8μm，长为 9.6 ~ 16μm（图6-114）。

（6）四尾栅藻 *Scenedesmus quadricauda*

▶**形态学特征**：定形群体扁平，由2、4、8、16个细胞组成，常见的为4 ~ 8个细胞

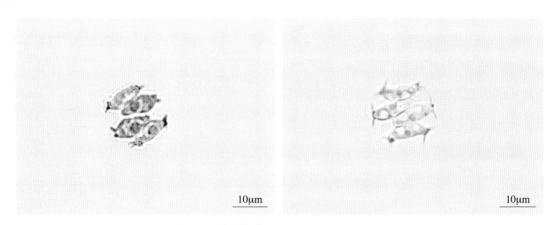

图6-114　齿牙栅藻 *Scenedesmus denticulatus*

的群体，群体细胞排列成一直线。细胞为长圆形、圆柱形、卵形。群体两侧细胞的上下两端，各具一长或直或略弯曲的刺；中间部分细胞的两端及两侧细胞的侧面，均无棘刺。4个细胞的群体宽10～24μm，单细胞宽3.5～6μm，长为8～16μm，刺长（5）10～13μm（图6-115）。

（7）龙骨栅藻 *Scenedesmus cavinatus*

▶**形态学特征：**定形群体扁平，由2、4、8个细胞组成。细胞纺锤形，群体外侧细胞的上下两极处，各具1条长而粗且向外弯曲的刺；又在各细胞上下两极常具1或2个齿状突起。各细胞的前后壁游离面的中央轴上，各具1条自一极延伸到另一极的隆起线。4个细胞的群体宽28～38μm，单细胞宽为5～10μm，长为15～24μm（图6-116）。

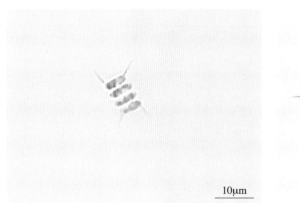

图6-115　四尾栅藻 *Scenedesmus quadricauda*

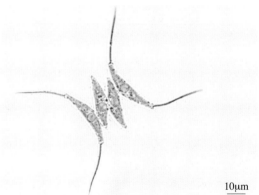

图6-116　龙骨栅藻 *Scenedesmus cavinatus*

（8）尖细栅藻 *Scenedesmus acuminatus*

▶**形态学特征：**定形群体弯曲，由4～8个细胞组成；群体细胞不排列在一直线上。细胞弓形、纺锤形或新月形；每个细胞的上下两端逐渐尖细。细胞壁平滑。4个细胞的群体宽6.8～14μm；单细胞宽为3～7μm，长为20～40μm（图6-117）。

（9）斜生栅藻 *Scenedesmus obliquus*

▶**形态学特征**：定形群体扁平，由2、4、8个细胞组成；各细胞排列在一直线上，或略作交互排列。细胞为纺锤形，两端尖细；两侧细胞的游离面有时凹入，有时隆起。细胞壁平滑。4个细胞的群体宽10～12μm；单细胞宽3～9μm，长为10～21μm（图6-118）。

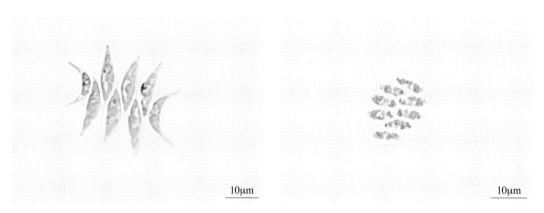

图6-117　尖细栅藻 *Scenedesmus acuminatus*　　　图6-118　斜生栅藻 *Scenedesmus obliquus*

（10）双尾栅藻 *Scenedesmus bicaudatus*

▶**形态学特征**：集结体由2、4或8个细胞组成，呈直线排成一行，细胞长圆形、长椭圆形，外侧各细胞仅具1根长刺，呈对角线状分布，细胞宽3～7μm，长5～15μm，刺长2～10μm（图6-109）。

（11）凸顶栅藻 *Scenedesmus producto-capitatus*

▶**形态学特征**：集结体由4个细胞组成，略交错排列成1行，细胞纺锤形，以侧壁的1/5～1/3相连接，细胞顶端略膨大，顶部钝圆或扁平或细胞壁略增厚呈帽状；细胞壁光滑，不具刺，细胞直径2.5～13μm，长8～18μm（图6-120）。

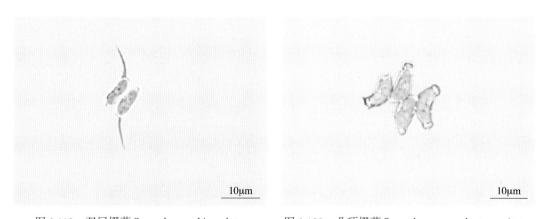

图6-119　双尾栅藻 *Scenedesmus bicaudatus*　　　图6-120　凸顶栅藻 *Scenedesmus producto-capitatus*

（12）多刺栅藻 *Scenedesmus spinosus*

▶**形态学特征**：集结体由4个细胞组成，直线排成一行，细胞椭圆形，外侧细胞两端各具1或2根长刺，游离面各具1～4根短刺，中间细胞两端各具1或2根短刺；细胞宽3～7μm，长7～12μm，刺长3～8μm（图6-121）。

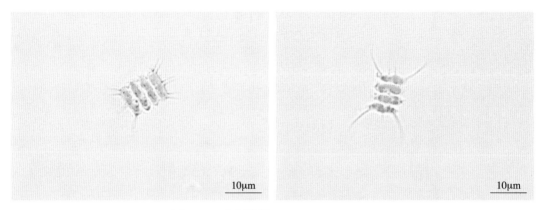

图6-121　多刺栅藻 *Scenedesmus spinosus*

（13）纤维形栅藻 *Scenedesmus ankistrodesmoides*

▶**形态学特征**：集结体由4个细胞直线排成一行，细胞均为柱状对称的狭长纺锤形，两端延长并渐尖细，顶部略钝，以细胞1/3长相互连接，细胞宽2.5～3.0μm，长18～20μm（图6-122）。

（14）整齐栅藻 *Scenedesmus regularis*

▶**形态学特征**：集结体由4个细胞组成，直线排成一列，平齐，中间细胞椭圆形，两端渐尖；两侧细胞椭圆形，外缘中部略内凹，中间细胞与两侧细胞等长或稍长于两侧细胞，每个细胞的两端各具1根刺，中间细胞两端的刺直或向内侧弯曲，两侧细胞的刺均向内侧弯曲，并略长于中间细胞的刺，细胞宽约2.5μm，长约8μm，刺长1.5μm（图6-123）。

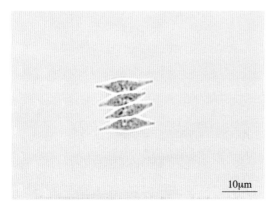

图6-122　纤维形栅藻 *Scenedesmus ankistrodesmoides*

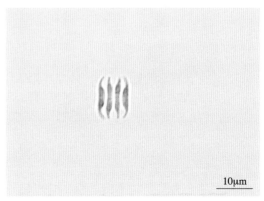

图6-123　整齐栅藻 *Scenedesmus regularis*

（15）居间栅藻 *Scenedesmus intermedius*

▶**形态学特征：** 集结体由2、4或8个细胞组成，交错排成1行，细胞卵形至椭圆形，外侧细胞两极各具1根长刺，细胞宽1.6～7.5μm，长（3.5）4～12μm，刺长（2）4～9μm（图6-124）。

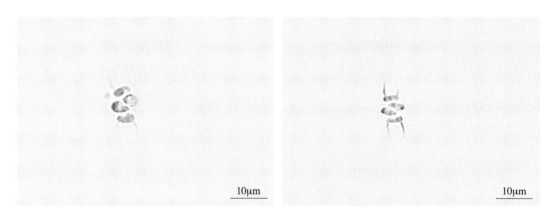

10μm   10μm

图6-124　居间栅藻 *Scenedesmus intermedius*

Willea 属

▶**分类依据：** 植物体为真性定型群体，由4个细胞排成椭圆形、卵形、方形或长方形，群体中央常具大或小的方形空隙，常具不明显的群体胶被，子群体常为胶被粘连在一个平面上，形成板状的复合真性定型群体。细胞梯形、半圆形、椭圆形或三角形，色素体周生，片状，1个，具1个蛋白核。无性生殖产生似亲孢子。是常见的浮游种类。

根据细胞分裂方式的不同（子细胞与母细胞长轴相平行），*Willea* 属由原十字藻属分离出来（John et al.，2014），因纳入新属后尚未有中文名，故种名在此给出了原中文名。

▶**代表种类：**

（1）*Willea apiculate*（原中文名：小尖十字藻）

▶**形态学特征：** 集结体由4个细胞组成，菱形四边形，中央孔隙呈方形，有时4个集结体组成一个复合集结体，细胞宽，长圆形且略不对称，一侧常较另一侧突出，4个细胞常以较突出的一面相对排列；细胞壁较厚，细胞两端处更厚，有时具小齿；色素体1个，具1个蛋白核，细胞宽3～7μm，长5～10μm（图6-125）。

（2）*Willea neglecta*（原中文名：忽略十字藻）

▶**形态学特征：** 集结体由4个细胞组成，呈长方形，中央孔隙呈方形；细胞长圆柱形，两端圆，以内侧壁彼此连接；色素体1个，幼时片状，周生；具1个蛋白核，细胞宽3～5μm，长5～9μm（图6-126）。

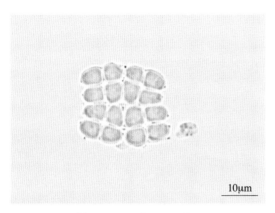

图 6-125　*Willea apiculata*　　　　　　图 6-126　*Willea neglecta*

（3）*Willea crucifera*（原中文名：十字十字藻）

▶**形态学特征：**集结体由4个细胞组成，斜长方形或长方形，中央孔隙长方形，常由单一集结体组合形成复合集结体；细胞长圆形或肾形，两端圆，内侧壁略外凸，外侧游离壁常内凹；色素体1个，周位，片状；具1个蛋白核，细胞宽2.5 ~ 7.5μm，长5 ~ 13.75μm（图6-127）。

　　双月藻属*Dicloster*

▶**分类依据：**植物体浮游，集结体由2个细胞组成，细胞新月形，由凸侧中央部相互连接，两端渐尖，由细胞壁延伸成为中实的刺状部分，色素体单一，周生，初为片状，在细胞凸侧中部常凹入，或多或少充满整个细胞，具2个蛋白核，核单一，位于色素体凹入部。此属目前仅1种，生长于池塘和鱼池中。

▶**代表种类：**

（1）尖双月藻*Dicloster acuatus*

▶**形态特征：**细胞宽3.5 ~ 7μm，长（包括末端刺状部分）31 ~ 54μm（图6-128）。

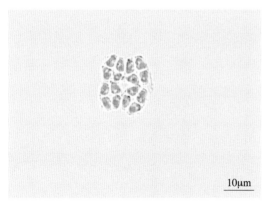

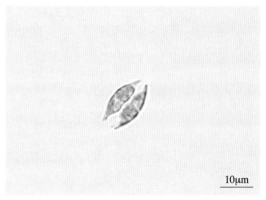

图 6-127　*Willea crucifera*　　　　　　图 6-128　尖双月藻*Dicloster acuatus*

接合藻纲Conjugatophyceae

鼓藻目Desmidiales

鼓藻科 Desmidiaceae

新月藻属*Closterium* Nitzsch.

▶**分类依据：**单细胞，新月形，略弯曲或显著弯曲，少数平直，中部不凹入，腹缘中间不膨大或膨大，顶端钝圆，平直圆形、喙状或逐渐尖细，横断面圆形。细胞壁平滑，具纵向的线纹或纵向的颗粒，无色或因铁盐沉淀而呈淡褐色或褐色，每个半细胞具1个色素体，由1个或数个纵向脊片组成，具多个蛋白核，中轴纵列或不规则地散生；细胞两端各具1个液泡，含1个或多个石膏晶粒。

▶**代表种类：**

（1）**纤细新月藻*Closterium gracile***

▶**形态学特征：**细胞细长，线形，长为宽的28～40倍。细胞长度一半以上的两侧缘近平行，逐渐向顶部狭窄，顶部向腹缘略弯曲，顶端钝圆。细胞壁平滑，无色。每个半细胞具1个色素体，近波状，中轴具1列蛋白核，5～7个；末端液泡具1个到数个运动颗粒。细胞宽3～9μm，长130～355μm，顶部宽1.2～4μm（图6-129）。

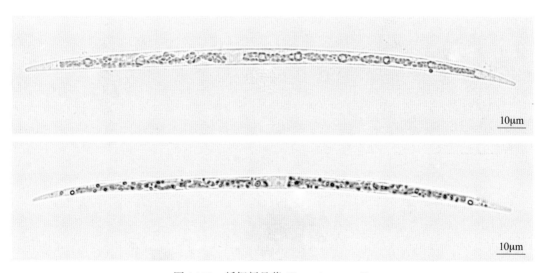

图6-129　纤细新月藻 *Closterium gracile*

（2）**锐新月藻*Closterium acerosum***

▶**形态学特征：**细胞大，狭纺锤形，长为宽的8～16倍，背缘略弯曲，腹缘近平直，向顶部逐渐狭窄，顶部略向背缘反曲，顶端平直圆形，常略增厚。细胞壁平滑，无色，较成熟的细胞呈淡黄褐色，并具略可见的线纹。每个半细胞具1个色素体，脊状，中轴具1纵列蛋白核，7 ～ 11个，末端液泡具一些运动颗粒。细胞宽26 ～ 53μm，长300 ～ 548μm（图6-130）。

（3）膨胀新月藻 *Closterium tumidum*

▶**形态学特征**：细胞小，近纺锤形，长为宽的8 ～ 9倍，略弯曲，腹缘中部膨大，近顶部略弯向腹缘，向顶部逐渐狭窄，顶端平直圆形，顶部宽度变化幅度较大。细胞壁平滑，无色。每个半细胞具1个色素体，由4 ～ 6个脊片组成，具1 ～ 3个蛋白核；末端液泡仅具1个运动颗粒。细胞宽8 ～ 22μm，长59 ～ 183μm，顶部宽2.5 ～ 5.5μm（图6-131）。

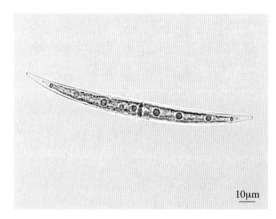
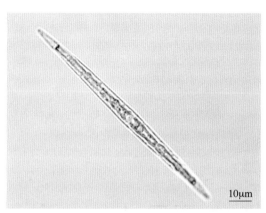

| 图6-130 锐新月藻 *Closterium acerosum* | 图6-131 膨胀新月藻 *Closterium tumidum* |

角星鼓藻属 *Staurastrum* Mey.

▶**分类依据**：单细胞，一般长略大于宽（不包括刺或突起），绝大多数辐射对称，少数两侧对称及侧扁，多数缢缝深凹，从内向外张开呈锐角。半细胞正面观半圆形、近圆形、椭圆形、圆柱形、近三角形、四角形、梯形、楔形等，半细胞正面观的形状指半细胞体部的形状（细胞不包括突起的部分称"细胞体部"），许多种类半细胞顶角或侧角向水平方向、略向上或向下延长形成长度不等的突起，缘边一般波形，具数轮齿，顶端平或具3 ～ 5个刺（突起基部又长出较小的突起称"副突起"）。垂直面观多数三至五角形，少数圆形、椭圆形、六角形或多到十一角形。此属是鼓藻科主要的浮游种类。

▶**代表种类：**

（1）纤细角星鼓藻 *Staurastrum gracile*

▶**形态学特征**：细胞小或中等大小，形状变化很大，长为宽的2 ～ 3倍（不包括突起），缢缝浅，顶端尖，向外张开呈锐角。半细胞正面观近杯形，顶缘宽，略凸出，侧缘近平直或略斜向上，顶角水平向或斜向向上延长形成长而细的突起，具数轮小齿，缘边波形，末端具3 ～ 4个刺。垂直面观三角形，少数四角形，侧缘平直，少数略凹入，缘内具1列小颗粒，有时成对。细胞宽（包括突起)44 ～ 110μm，长27 ～ 60μm，缢部宽5.5 ～ 13μm（图6-132）。

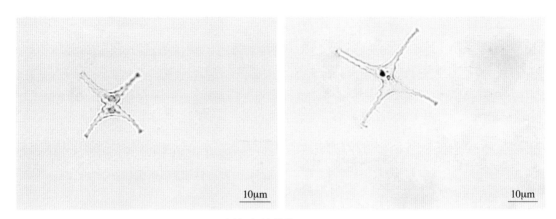

图6-132　纤细角星鼓藻 *Staurastrum gracile*

鼓藻属 *Cosmarium* Cord.

▶**分类依据：** 单细胞，细胞大小变化很大，侧扁，缢缝常深凹。半细胞正面观近圆形、半圆形、椭圆形、卵形、梯形、长方形、截顶角锥形等，顶缘圆，平直或平直圆形。半细胞侧面观绝大多数呈圆形。垂直面观椭圆形或长方形。细胞壁平滑，具点纹、圆孔纹，或具一定方式排列的颗粒突起等，半细胞中部有或无拱形隆起。半细胞具1个、2个或4个轴生色素体，每个色素体具1个或数个蛋白核，少数种类具6～8条带状色素体，每条色素体具数个蛋白核。

▶**代表种类：**

（1）**扁鼓藻** *Cosmarium depressum*

▶**形态学特征：** 细胞小，长略小于宽，缢缝深凹，狭线形，向外张开。半细胞正面观近横椭圆形，顶缘略凸出或平直，两侧圆。半细胞侧面观圆形；垂直面观椭圆形，厚和宽比例为1∶2。细胞宽25～50μm，长17～45μm，厚10～22.5μm，缢部宽5～14μm（图6-133）。

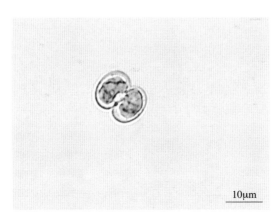

图6-133　扁鼓藻 *Cosmarium depressum*

（2）近膨胀鼓藻*Cosmarium subtumidum*

▶**形态学特征**：细胞小，长约为宽的1.2倍，缢缝深凹，狭线形，顶端扩大。半细胞正面观截顶角锥形到半圆形，顶缘宽，平直，基角圆，侧缘凸出；半细胞侧面观圆形；垂直面观椭圆形，厚和宽的比例为1：9。细胞壁具点纹，细胞宽24～40μm，长30～41μm，厚15～22μm，缢部宽7～14μm（图6-134）。

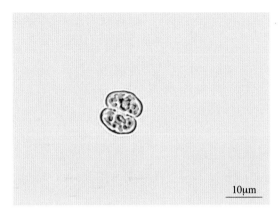

图6-134　近膨胀鼓藻*Cosmarium subtumidum*

凹顶鼓藻属*Euastrum* Ehr.

▶**分类依据**：单细胞，细胞大小变化大，长略大于宽，扁平，缢缝深凹，常呈狭线形，少数张开。半细胞常呈截顶的角锥形，顶缘中间具一深度不等的凹陷，顶部具1个顶叶，侧面常具侧叶，侧缘平整，深波形或深度不等的凹陷，由凹陷分成若干小叶，半细胞的中部或在顶叶及侧叶内。半细胞侧面观常为狭的截顶的角锥形。垂直面观一般椭圆形，细胞壁平滑，具点纹、圆孔纹、颗粒或刺。半细胞具1个或2个轴生的色素体，具1个、2个或几个散生的蛋白核（图6-135）。

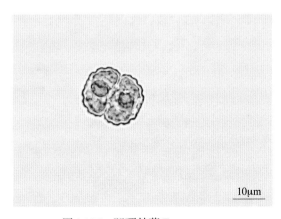

图6-135　凹顶鼓藻*Euastrum* sp.

下 篇

生 态 篇

SHENGTAIPIAN

河南养殖池塘常见藻类原色图集

7 概　述

7.1　池塘养殖在水产养殖业中的重要地位

我国水产养殖历史悠久，已有记载显示，在距今3 000多年前的殷商时期已开始在池塘养鱼。战国时期，鲤池塘养殖已非常普遍。秦汉、魏晋南北朝、隋朝也以鲤养殖为主，直至唐代，"青草鲢鳙"四大家鱼的养殖兴起（高莉莉 等，2019）。《范蠡养鱼经》又名《陶朱公养鱼经》，也称《陶朱公养鱼法》，是我国也是世界上最早的一部专门论述水产养殖的著作（蒋高中 等，2012）。作为我国大农业的重要产业，2018年我国水产养殖产量已达4 991万t，占全国水产品总量的77.3%，约占世界水产养殖产量的70%（农业农村部渔业渔政管理局 等，2019），成为世界上唯一养殖水产品总量超过捕捞总量的主要渔业国家。水产养殖业在促进我国农村产业结构调整、增加农民收入，提高农产品出口竞争力、优化国民膳食结构和保障食物安全等方面做出了重要贡献（Gui et al., 2018）。

其中，淡水养殖产量占总养殖产量的59.3%，池塘集约化养殖面积占淡水养殖总面积的51.8%。河南省池塘集约化养殖面积达1 166km^2，占水产养殖总面积的78.7%，养殖产量7.49×10^{5}t，占水产养殖总产量的85.6%（农业农村部渔业渔政管理局 等，2019）。20世纪70年代开始在我国广泛推广至今，池塘养殖以其占地灵活、构筑简单、成本低廉、节水节能、管理方便等优点，逐渐成为我国，尤其是河南省主要的水产养殖模式。鲤、鲢、鳙、草鱼、鲫等大宗淡水鱼是河南省池塘养殖的主要种类，居全国大宗淡水鱼养殖产量排名第10位（农业农村部渔业渔政管理局 等，2019），丰富了河南省及整个中原地区水产品市场，提升了城乡居民营养消费水平，推动了农村产业发展和农民增收。

7.2　健康藻相对池塘养殖的重要性

池塘养殖生态系统由非生物因素和生物因素构成，其中非生物因素是光、热、气体、泥土、水等无生命物质的环境因子，生物因素是构成生产者、消费者、分解者生物的总称。藻类是水体重要的初级生产者，是维持水生态系统结构和功能的重要组成部分。在渔业水体中，藻类是鱼类等水产品重要的生物饵料。"养鱼先养水"，对于池塘养殖而言，养殖环境是影响水产品产量和质量的关键因素，而"养水"的关键之一就是通过营养物质的合理调配构建优良的池塘藻类群落结构，即藻相，为养殖品种提供充足的溶氧等池塘环境和适口饵料（张敏 等，2014）。同时，藻相的好坏，直接指示池塘养殖环境的好坏，决定了养殖品种的品质和产量。

在水产养殖中，浮游藻类的群落结构和种群数量与水体环境密切相关，浮游藻类群落结构的变化会影响水体营养物质的变化，水质的改变也会导致浮游藻类群落和数量发生改变。不同的藻类群落结构组成，会使池塘水色呈现不同颜色。茶色或茶褐色为水产养殖的最佳水色之一，主要以菱形藻、舟形藻等硅藻为主。以硅藻和绿藻为主要藻类的池塘则呈现黄绿色，以绿藻为主的池塘则为翠绿、淡绿或浓绿色。这些水色可反映出池塘藻类群落结构健康，水质良好，渔业产力高。但若池塘中出现大量蓝藻，则呈现蓝绿色或暗绿色，表示水质恶化。若呈现酱红色，则可能含有大量裸甲藻。若池塘水体呈现黑褐色或黄色，则说明池塘老化、有机质含量高。若池塘透明度很高，特别清澈，则说明水质清瘦，浮游藻类极少，底部或壁上容易滋生丝状藻，俗称"青苔"，导致水体更清瘦，不利于养殖生物存活生长。

浮游藻类是池塘养殖体系中水体溶解氧的主要来源。除去机械增氧外，水体中氧气的来源途径有两种：一是空气中存在的氧气溶解到水体中，水体上层与空气接触的表面可以快速溶解空气中的氧气，氧气通过分子扩散进入水体中层和下层；二是藻类通过光合作用产生氧气。无论是淡水池塘还是沿海池塘，藻类等自养生物的光合作用是池塘水体溶解氧的主要来源。姚宏禄对九个养殖池塘进行测定后得出，通过浮游藻类光合作用产生的氧气占总量的86%～95.3%，而通过空气扩散进入水体中氧气占4.7%～14%（姚宏禄，1988）。溶氧水平直接影响水体和底泥中的化学成分。溶氧水平高，水体和底泥中氧化还原状态高，碳、氮、硫等元素则主要以其高价氧化态形式存在，有机物转化分解也更为彻底。相反，各元素则以低价还原态存在，有机物氧化分解不彻底，生成多种具有强生物毒性的中间产物和还原物质，影响微生物群落结构，增加病原菌比重，水体微环境变差，水产病害风险加大，最终影响水产品产量和质量，降低水产养殖池塘经济效益。

浮游藻类是水产动物的饵料来源。微藻中的很多种类可以直接或者间接作为开口饵料或者饲料添加剂，供滤食性软体动物、甲壳类动物和一些幼鱼食用。滤食性软体动物中的贝类终身以浮游藻类为食，所摄食的浮游藻类包括硅藻、金藻、绿藻和黄藻等。近些年有研究者考虑以新的喂养方式来替代活体微藻喂食，如施鹏制作饵料微藻缓释饼应用在青蛤的池塘养殖中，提高了青蛤的存活率和湿体质量。但是目前没有哪种方式可以完全替代活体微藻喂养。甲壳类动物中的虾和蟹的养殖中，浮游藻类不仅作为饵料生物，还会影响虾蟹的存活率和发育情况。在虾的养殖中，以等密度的球等鞭金藻和湛江叉鞭金藻投喂对虾，会提高幼体的存活率；降低边缘对虾的饵料微藻密度，使其低于最适浓度，边缘对虾幼体的变态率明显上升。一些滤食性鱼类还能够以浮游藻类为食，如我国四大家鱼中的鲢和鳙。

由此可见，对于养殖池塘而言，健康优良的藻相主要是指以单细胞绿藻、硅藻等真核藻类为主的藻类群落。健康藻相的调控贯穿整个养殖过程，在维持池塘生态平衡、提高水产养殖产量和质量等方面都具有非常重要的价值和意义。

7.3　池塘养殖面临的藻相问题

随着社会经济的快速发展和人们环保意识的欠缺，许多工业、农业和生活污水的不断排放，再加上渔业养殖模式的不合理，导致渔业生态环境持续恶化，水生生物资源多样性水平不断降低，渔业产品的产量和质量不断受到威胁，渔业损失逐年增大。

随着集约化水平的加深，科学有效管理的缺乏，部分养殖池塘营养负荷加重，比例失调，藻相恶化，在养殖中后期频繁暴发有害蓝藻水华，破坏池塘藻相结构，严重削弱绿藻、硅藻等有益藻类在维持池塘生态平衡方面的作用，导致池塘水质下降，微生态失衡，从而加剧水产病害发生概率，降低水产品品质安全，整体经济效益下滑的同时，也增加了养殖污染的排放量，增大了治理难度（Tayaban et al., 2018; Yang et al., 2018）。据不完全统计，河南省每年因养殖污染造成的直接经济损失700余万元。相比过去20年，由养殖造成的水体富营养化以平均每年2.1%～3.7%的速度增加。全国水产养殖业主要污染物化学需氧量（COD）、总氮和总磷排放量，分别占农业污染物排放量的4.22%、3.04%和5.48%，占全国总量的1.84%、1.74%和3.69%。水产养殖业的污染排放已成为部分区域水环境污染的主要来源之一（中华人民共和国环境保护部 等，2010）。

随着外源营养物质的不断汇入以及气温和水动力学条件的改变，许多水体都会出现某些藻类突然暴发性增殖的现象，如有害藻华。这时水面一般会堆积很厚的藻淀，在其分解腐烂过程中，不断消耗水中的氧气，分泌有害物质，散发难闻的异味，危害鱼类等水生动物的生存繁殖。伴随着生态环境的持续恶化，近年来我国渔业水体中有害藻华的发生频次越来越高，出现范围越来越广，危害程度越来越重。华中地区池塘蓝藻水华暴发情况呈现出逐年增加的趋势，暴发的时间也由以往的5月后提前至3月初，有些池塘蓝藻水华呈现出全年生长的状态，导致鱼虾生长停滞，增加了渔民的养殖成本，水体处理难度加大，给当地养殖和生态造成了很大的影响和危害。水中微囊藻大量繁殖，水色较深呈蓝绿色，在池塘上形成悬浮细末或油污状绿膜。一方面会影响水中藻类的光合作用，造成水中的溶氧量偏低，鱼类生长减慢，易浮头，增加养殖风险；另一方面微囊藻会产生一些有害物质，危害鱼类健康。在北方地区养殖中虽没有造成过重大危害，但养殖中反复出现，影响养殖效益，也给养殖户造成了一定的心理压力。就河南养殖池塘而言，本次调查过程中不少养殖池塘在夏季出现微囊藻水华的现象。若不加强监管和调控，藻华污染对水产品安全和渔业产业可持续发展的影响将不断加剧。

同时，也有一些池塘面临着水质偏瘦、丝状藻泛滥而影响鱼虾蟹养殖的问题。出现这种情况的池塘主要原因是早春肥水不及时，导致浮游藻类生物量不足，较高的透明度和较低的营养水平为刚毛藻、水绵、水网藻等丝状绿藻的生长繁殖创造了条件。另一个原因是水质净化技术使用不当，过度的生态修复导致营养物质大量减少到不适于浮游藻类生长繁殖的水平，充足的光照则为丝状绿藻提供了生长条件。丝状绿藻俗称"青苔"，大量生长的同时快速吸收水中营养，导致浮游藻类得不到足够营养。当大量青苔铺满整个水面时，会导致水产生物呼吸和活动受阻，水中氧气含量降低，水质变差，水产生物死亡。青苔死后有机物分解产生硫化氢和羟胺等有毒物质，引发水质发黑、发臭、氨氮含量超标，最终导致水产生物无法生存。

河南省水产养殖产业中池塘养殖占比超过70%，若针对河南省不同养殖区域及主要养殖品种，广泛调查养殖池塘的藻类群落结构，剖析潜在的藻相问题，将有助于全面掌握河南省水产养殖池塘水环境现状及其渔业产力，对进一步优化池塘养殖环境、提升养殖池塘产力、加快实现水产养殖业绿色健康发展至关重要。

8 河南省养殖池塘浮游藻类多样性特征

8.1 养殖场分布和主要种类情况

河南省下辖17个省辖市、1个省直管县级市，共18个市，分别是：郑州市、开封市、洛阳市、平顶山市、焦作市、鹤壁市、新乡市、安阳市、濮阳市、许昌市、漯河市、三门峡市、南阳市、商丘市、信阳市、周口市、驻马店市和济源市。春季和夏季是所有养殖品种养殖过程中最重要的两个生长季节，因此本次调查选取了这两个季节的浮游藻类。本次夏季采样时间为2019年8月，月均水温为29.1℃，共涉及17个市，共214个养殖池塘。春季采样时间为2019年6月，月均水温为24.3℃，春季采样涉及18个市，共169个采样位点。

采集池塘所涉及主养品种包括草鱼、鲤（含锦鲤）、鲫（含红草）、小龙虾、鲈、乌鳢、泥鳅、黄鳝、甲鱼、南美白对虾、斑点叉尾鮰、鳙，共12个养殖品种，基本涵盖了河南省水产品的主要养殖品种。其中，草鱼和鲤的养殖面积和养殖池塘数量最大，表明河南省的主养种类仍以草鱼和鲤为主要代表（图8-1）。在采集的214个夏季池塘中，草鱼塘有52个，鲤塘有42个，鲈塘25个，小龙虾塘14个，斑点叉尾鮰塘15个，其他养殖塘66个，养殖品种共计12种（图8-1A）。在采集的169个春季池塘中，草鱼塘有41个，鲤塘有38个，鲈塘21个，小龙虾塘9个，斑点叉尾鮰塘12个，其他养殖塘48个，养殖品种共计12种（图8-1B）。

以下展示了河南省养殖池塘的代表性养殖场分布及养殖情况（表8-1和图8-2）。

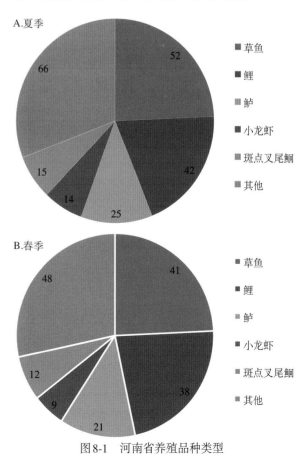

图8-1 河南省养殖品种类型

表8-1　河南各养殖场分布与养殖情况

养殖场编号	养殖场名称	所在地市	采集池塘数目	主养品种	采集季节
1	首帕陈养殖场	平顶山市舞钢县	2	草鱼、花白鲢	春、夏
2	武功养殖场	平顶山市舞钢县	2	草鱼	春、夏
3	喜庄养殖场	平顶山市舞钢县	2	草鱼	春、夏
4	黄张养殖场	平顶山市舞钢县	6	泥鳅	春、夏
5	凤鸣湖养殖场	平顶山市舞钢县	3	小龙虾	春
6	河南省恒松农业开发有限公司	平顶山市叶县	11	草鱼、鲫	春、夏
7	恒松养殖场	平顶山市叶县	1	鲫	春
8	成品凡客养殖场	平顶山市叶县	3	乌鳢	春
9	大宇养殖场	新乡市原阳县	5	草鱼、鲢、鲤、锦鲤、草鱼、鲫	春
10	豫黄农牧专业合作社	新乡市原阳县	3	鲖	春
11	娄柳顺渔场	新乡市原阳县	5	鲤	春、夏
12	延津县渔场	新乡市延津县	18	鲤、草鱼、鲈	春、夏
13	冶戍渔场	洛阳市吉利县	6	鲤	春、夏
14	孟津县水产研究所	洛阳市孟津县	3	鲖	春
15	洛阳市品源农业开发有限公司	洛阳市孟津县	6	草鱼	春、夏
16	回回寨渔场	开封市	6	鲖、鲈	春
17	灵宝市江辉水产养殖专业合作社	灵宝市	3	黑鱼	春
18	鹤壁市九龙生态农业开发有限公司	鹤壁市淇县	6	鲈	春、夏
19	鹤壁市淇鱼水产有限公司	鹤壁市淇县	6	鲤	春、夏
20	方城县望花亭鱼苗场	南阳市方城县	6	鲈、草鱼	春
21	长鹰观赏鱼养殖基地	南阳市镇平县	3	锦鲤	春
22	郭庆承包小型水库	安阳市林州县	2	草鱼	春、夏
23	城北水库	安阳市林州县	1	草鱼	春
24	闫海兵承包小型水库	安阳市林州县	1	草鱼	春
25	张洼水库	焦作市孟州县	2	草鱼	春、夏
26	顺润水库	焦作市孟州县	1	鲢、鳙	春
27	张五林养殖场	焦作市孟州县	2	草鱼	春、夏
28	张小龙养殖场	焦作市武陟县	6	鲈	春、夏
29	武陟县黄河源渔业专业合作社（堤北）	焦作市武陟县	3	鲤	春
30	武陟县黄河源渔业专业合作社（堤南）	焦作市武陟县	3	草鱼	春
31	中牟县安庄鑫鑫渔业养殖合作社	郑州市中牟县	7	鲖、鲈、鲤	春
32	襄城县艺景园林有限公司	许昌市襄城县	5	草鱼	春、夏
33	英烈渔场	安阳市	5	草鱼、鲤苗	春、夏

（续）

养殖场编号	养殖场名称	所在地市	采集池塘数目	主养品种	采集季节
34	漳苑养殖有限公司	安阳市	6	草鱼、鲤苗、淇河鲫苗	春、夏
35	安阳县鑫安养殖有限公司	安阳市安阳县	2	草鱼	春、夏
36	汝南县启元泥鳅养殖合作社	驻马店市汝南县	3	泥鳅	春
37	漯河天鸿农业发展有限公司	漯河市	3	鲤	春
38	漯河市曹店村众康水产养殖专业合作社	漯河市	3	锦鲤	春
39	张胜养殖场	商丘市民权县	1	鲤	春
40	民权县益民水产养殖合作社	商丘市民权县	1	鲤	春
41	中见养殖场	商丘市民权县	1	鲤	春
42	范县莲乡生态渔业农民专业合作社	濮阳市范县	6	草鱼	春、夏
43	范县顺琪种养殖农民专业合作社	濮阳市范县	5	小龙虾	春、夏
44	休昌渔业养殖场	济源市	6	鲤	春、夏
45	汶水农业开发有限公司	许昌市鄢陵县	3	草鱼	春
46	固始县祥龙养殖专业合作社	信阳市固始县	12	鲈、南美白对虾、对虾	春、夏
47	固始县龙运生态水产养殖有限公司	信阳市固始县	6	小龙虾	春、夏
48	鑫海养殖专业合作社	信阳市固始县	6	鳝	春、夏
49	晨源养殖专业合作社	信阳市固始县	3	甲鱼	春、夏
50	鹿邑县顺德水产养殖专业合作社	周口市鹿邑县	12	草鱼、鲤、鲤	春、夏
51	鹿邑县金绿实业生态发展园	周口市鹿邑县	3	鳙、鲤	春
52	鹿邑县利明渔业水产养殖	周口市鹿邑县	4	泥鳅	春、夏
53	时庄村养殖场	平顶山市舞钢县	3	小龙虾	夏
54	叶县成品凡客养殖场	平顶山市叶县	3	乌鳢	夏
55	豫黄合作社	新乡市原阳县	3	斑点叉尾鮰	夏
56	孟津县道宗养殖合作社	洛阳市孟津县	3	斑点叉尾鮰	夏
57	花生庄渔场	开封市	6	鮰、鲈	夏
58	望花亭鱼苗场	南阳市方城县	6	鲈、草鱼	夏
59	长彦观赏鱼养殖基地	南阳市镇平县	3	锦鲤	夏
60	郭新法养鱼塘	安阳林州市	1	草鱼	夏
61	闫海兵养殖场	安阳林州市	1	草鱼	夏
62	武陟县黄河源养鱼专业合作社	焦作市武陟县	6	鲤、草鱼	夏
63	鑫鑫渔业养殖专业合作社	郑州市中牟县	9	鮰、鲈、鲤	夏
64	桐柏县水生商贸有限公司	南阳市桐柏县	3	鳙	夏
65	后仓坑景观池	安阳市	1	湘云鲫	夏
66	易园太极湖	安阳市	1	锦鲤	夏
67	汝南县建兴鳝鱼生态养殖合作社	驻马店市汝南县	3	鳝	夏

（续）

养殖场编号	养殖场名称	所在地市	采集池塘数目	主养品种	采集季节
68	天鸿农业发展有限公司	漯河市	6	草鱼、鲤	夏
69	众康水产养殖专业合作社	漯河市	3	锦鲤	夏
70	鄢陵县汶水农业开发有限公司	许昌市鄢陵县	6	草鱼、锦鲤	夏
71	吉利养殖场	洛阳市吉利县	6	草鱼、鲴	夏
72	马庄水产养殖场	济源市	3	鲈	夏
73	马头渔场	开封市	3	草鱼	夏
74	老庄镇春伟家庭农场	南阳市镇平县	3	泥鳅	夏
75	沈庄村玉皇龙虾养殖专业合作社	南阳市桐柏县	3	小龙虾	夏
76	金阳光水产养殖专业合作社	南阳市	6	草鱼、锦鲤	夏
77	和升渔农业科技有限公司	濮阳市范县	3	泥鳅	夏
78	方城县昇源水产品有限公司	南阳市方城县	3	南美白对虾	夏
79	大洋水产公司	平顶山市舞钢县	3	鲢、鳙	夏
80	中牟县图登农场	郑州市中牟县	3	小龙虾	夏

漯河市汇源区众康鲤塘

漯河市汇源区天鸿鲤塘

商丘市民权县张胜养殖场鲤塘

南阳市宛城区金阳光水产养殖专业合作社鲤塘

安阳市林州郭新法草鱼塘

焦作市武陟县黄河源养鱼专业合作社草鱼塘

洛阳市孟津县品源农业开发有限公司草鱼塘

洛阳市吉利区吉利养殖场草鱼塘

安阳市漳苑养殖有限公司草鱼塘

南阳市方城县望花亭鱼苗场鲈塘

新乡市延津县渔场鲈塘

济源市马庄水产养殖场鲈塘

信阳市固始县祥龙养殖专业合作社鲈塘

开封市花生庄渔场鲈塘

南阳市桐柏县玉皇龙虾养殖专业合作社小龙虾塘

平顶山市舞钢市时庄养殖场小龙虾塘

濮阳市范县顺琪种养殖农民专业合作社小龙虾塘

郑州市中牟县图登农场小龙虾塘

新乡市原阳县豫黄合作社斑点叉尾鮰塘

南阳市桐柏县水生商贸有限公司鳙塘

南阳市镇平县老庄镇春伟家庭农场泥鳅塘

平顶山市叶县恒松养殖场鲫塘

信阳市固始县鑫海养殖专业合作社黄鳝塘　　　　信阳市固始县鑫源养殖专业合作社南美白对虾养殖塘

图8-2　河南省代表性养殖池塘水色

8.2　浮游藻类多样性

生物多样性是对生物系统（biological system）所有组织层次（例如分子、物种、种群、群落、生态系统、生物群区）中生命形式的多样化的统称。换言之，生物多样性是指生物及其所组成系统的总体多样性和变异性。由于生命在基因、细胞、种群、物种、群落、生态系统等任何一个层次上都不止一类，因此，多样性是生物系统的基本特征。本书所涉及多样性概念主要是指物种多样性。物种多样性，也称物种歧异度，是指一定区域内动物、植物、微生物等生物种类的丰富程度。物种多样性是生物多样性的核心，也是生物多样性研究的基础。物种多样性包括物种丰富度（species richness）和物种均匀度（species evenness）两个方面的含义。物种丰富度是对一定空间范围内的物种数目的简单描述；物种均匀度则是对不同物种在数量上接近程度的衡量。研究浮游藻类物种多样性具有重要意义，该指标可以一定程度上反映水体的稳定程度。较高的浮游藻类多样性对于养殖水体的稳定及保证健康养殖都有着重要作用（胡鸿钧，2011）。

在河南省夏季的166个养殖池塘中（草鱼、鲤、鲈、小龙虾和斑点叉尾鮰），共采集到浮游藻类238（属）种。Shannon Wiener多样性指数（H）均值为1.9，在166个养殖池塘中，多样性指数高于2的池塘有79个，在1和2之间的池塘有78个，小于1的池塘仅有9个（图8-3A）。在春季的151个养殖池塘中（草鱼、鲤、鲈、小龙虾和斑点叉尾鮰），共采集到浮游藻类238（属）种。Shannon Wiener多样性指数（H）均值也为1.9，在151个养殖池塘中，多样性指数高于2的池塘有71个，在1和2之间的池塘有72个，小于1的池塘仅有8个（图8-3B）。尽管鉴定所得浮游藻类种类数目众多，但单就某一养殖池塘而言，浮游藻类多样性并不高。

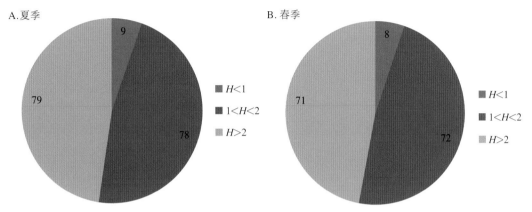

图8-3　河南省养殖池塘浮游藻类Shannon Wiener多样性现状

我们测算了养殖池塘浮游藻类的Shannon Wiener多样性指数、Simpson多样性指数和Pielou's均匀度指数，用于全面衡量这些池塘的浮游藻类多样性。对采集样品较多的前5个养殖品种（草鱼、鲤、斑点叉尾鮰、加州鲈、小龙虾）的浮游藻类多样性进行Kruskal-Wallis多重比较，结果表明春季5个养殖品种池塘的浮游藻类多样性不存在差异（图8-4A～C），随着养殖时间的延续，到了夏季，5个养殖品种池塘的浮游藻类多样性呈现出显著差异（图8-4D～F）。从Kruskal-Wallis多重比较的结果来看，斑点叉尾鮰和小龙虾的养殖池塘中浮游藻类多样性显著高于草鱼、鲤和加州鲈。这表明养殖品种对养殖池塘浮游藻类多样性具有显著影响。

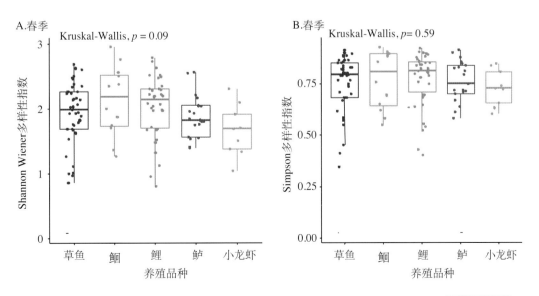

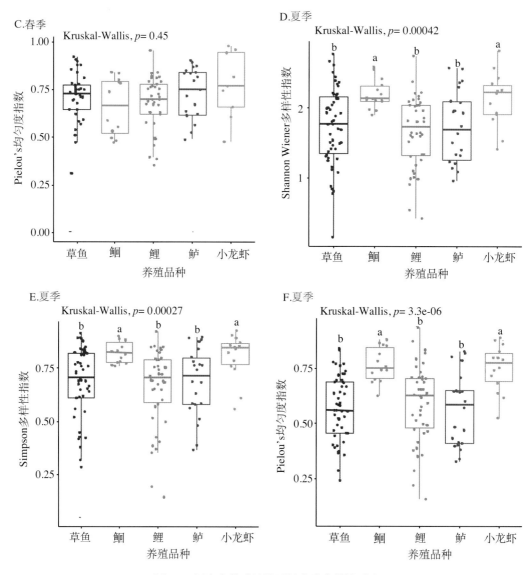

图8-4　河南省养殖池塘浮游藻类多样性对比

注：a,b不同字母代表不同组别之间的差异（Kruskal-Wallis多重比较，$p < 0.05$）。

8.3　浮游藻类多样性决定因素分析

上下行效应理论（"bottom-up, top-down" concept）认为，食物链中捕食者或资源的可得性都可以决定初级生产者的现存量（McQueen et al., 1989）。以浮游藻类为例，当浮游藻类主要受上行效应的控制时，其群落主要取决于温度、光和营养盐的可得性；当浮游藻类主要受下行效应的控制时，其群落主要取决于浮游动物和鱼类的牧食。上下行效应理论认为富营养型水体中，藻类主要受到上行效应的控制；相反，在贫营养型水体中，藻类群落主要受到下行效应的影响。

养殖池塘是一类特殊的水体环境，它们同时具备了养殖密度高（捕食压力大）和富营养两方面的条件。尽管上下行效应理论在自然水体中是普适的，但在养殖水体生境中可能并不适用。本书根据采集的养殖池塘情况，进一步分析研究养殖水体浮游藻类多样性的决定因素。

我们采用多元线性回归模型分析多变量对浮游藻类多样性的影响，具体分析软件采用R语言中的"Vegan"包实现。参与解释夏季浮游藻类多样性的变量有20个，包括：藻类物种数、藻类个体数、藻类丰度、水源、主养品种、透明度、温度、碱度、硬度、有机碳、无机碳、总碳、pH、电导、水体氨氮、正磷、硝氮、亚硝氮、叶绿素a含量、溶解氧。结果表明，在参与解释的20个变量中，藻类密度（$p<0.001$）、主养品种（$p<0.001$）、电导（$p=0.046$）三个解释变量具有显著贡献（图8-5B），共同解释了夏季浮游藻类多样性（表8-2）。

参与解释春季浮游藻类多样性的变量有17个，包括：藻类物种数、藻类个体数、藻类丰度、水源、主养品种、透明度、温度、碱度、硬度、有机碳、pH、电导、水体氨氮、正磷、硝氮、亚硝氮、叶绿素a含量。结果表明，在参与解释的17个变量中，没有一个变量对浮游藻类多样性具有显著贡献（图8-5A），表明春季浮游藻类多样性不能用环境变量进行解释（表8-2）。

从两个季节浮游藻类多样性的决定因素来看，藻类密度是养殖池塘中浮游藻类多样性的重要指标。藻类密度越高，浮游藻类多样性越低，两者之间是负相关关系（$R = -0.36$，$p<0.001$）。同时，养殖品种在所有解释变量中也起到重要作用。水体营养盐，无论氮、磷含量在两个季节中都不是重要的解释变量，表明营养盐含量与池塘保持浮游藻类多样性关系不大。

表8-2　多参数模型选择结果

因变量	校正后 R^2	AIC	BIC	最佳模型
春季藻类多样性	—	—	—	—
夏季藻类多样性	0.247	66.1	83.6	浮游藻类密度（$p<0.001$）+ 养殖品种（$p<0.001$）+ 电导（$p=0.046$）

注：AIC = 赤池信息准则，BIC = 贝叶斯信息准则。

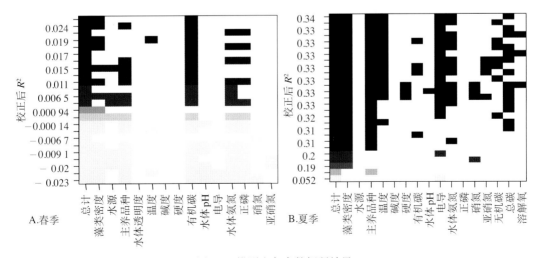

图8-5　模型中各参数解释结果

9 河南养殖池塘养殖品种与浮游藻类种类组成的关系

9.1 养殖池塘中的浮游藻类的种类组成

我们采用聚类排序分析养殖池塘与浮游藻类丰度的关系，具体分析软件采用R语言中的"pheatmap"包实现。聚类分析是根据在藻类丰度数据中发现的描述对象及其关系的信息，将数据对象分组，组内的对象相互之间是相似的（相关的），而不同组中的对象是不同的（不相关的）。浮游藻类丰度聚类排序分析的结果可以帮助我们了解养殖池塘浮游藻类的优势种类、代表种，并根据此结果发现不同养殖池塘之间的藻类分布差异。

从夏季所有养殖池塘的情况来看，排序前20位的浮游藻类为：微小平裂藻、小球藻、微囊藻、梅尼小环藻、典型平裂藻、小型色球藻、微小隐球藻、扁鼓藻、水华束丝藻、极小平裂藻、龙骨栅藻、四角十字藻、两栖菱形藻、假鱼腥藻、胶网藻、浮球藻、纳氏腔球藻、肥蹄形藻、拟针形集星藻、小空星藻、四尾栅藻、断裂颤藻、二形栅藻、肘状针杆藻丹麦变种、针形纤维藻、肾形衣藻、隐球藻、波吉卵囊藻和四足十字藻（图9-1A）。从聚类数据来看，第一类养殖池塘的典型代表主要为斑点叉尾鮰、南美白对虾，该类型池塘优势种类以微小平裂藻、小球藻、梅尼小环藻、典型平裂藻、小型色球藻、微小隐球藻为代表，微囊藻少有出现。第二类养殖池塘的典型代表主要为鲤、鲈，该类型池塘优势种类以小球藻为优势种类。第三类养殖池塘的典型代表主要为草鱼，该类型池塘优势种类以微小平裂藻、小球藻为优势种类。第四类养殖池塘的典型代表主要为草鱼、鲤、泥鳅，该类型池塘优势种类以微囊藻、微小平裂藻、小球藻为优势种类。

从春季所有养殖池塘的情况来看，排序前20位的浮游藻类为：小球藻、分歧小环藻、肘状针杆藻丹麦变种、舟形藻、极小曲丝藻、湖生假鱼腥藻、四尾栅藻、细小平裂藻、二形栅藻、极小平裂藻、微小隐球藻、四足十字藻、微囊藻、卵囊藻、被甲栅藻、胶网藻、空星藻、双对栅藻、二尾栅藻和空球藻（图9-1B）。从聚类数据来看，第一类养殖池塘的典型代表主要为乌鳢，该类型池塘优势种类以分歧小环藻、肘状针杆藻丹麦变种、舟形藻、极小曲丝藻为优势种。第二类养殖池塘的典型代表主要为草鱼、斑点叉尾鮰，该类型池塘优势种类以小球藻、细小平裂藻、四尾栅藻为优势种。第三类养殖池塘的典型代表主要为鲤和草鱼，该类型池塘优势种类以细小平裂藻、小球藻为优势种类。第四类养殖池塘的典型代表主要为泥鳅、南美白对虾、鳙等养殖品种为代表，该类型池塘优势种类以小球藻为优势种类。

A. 夏季

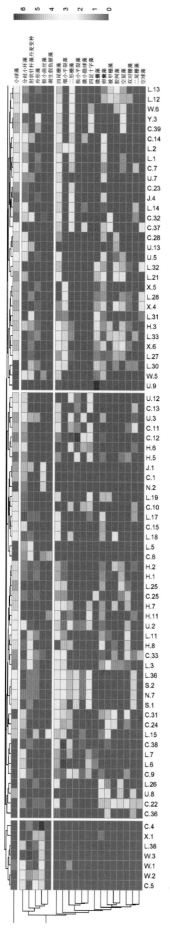

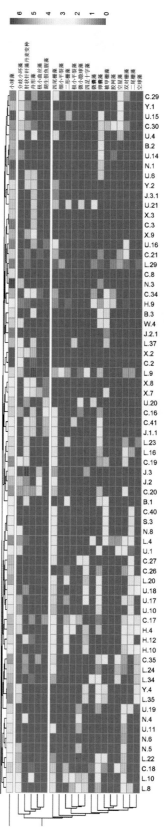

B. 春季

图 9-1　养殖池塘中的浮游藻类聚类排序图

注：C—草鱼，L—鲤，J—鲫，X—小龙虾，U—鲈，W—乌鳢，N—泥鳅，S—黄鳝，A—甲鱼，B—南美白对虾，S—黄鳝，H—斑点叉尾鮰，Y—鳙。

为了解浮游藻类物种组成在不同养殖池塘中的分布差异，我们对采集样品较多的前5个养殖品种（草鱼、鲤、斑点叉尾鮰、加州鲈、小龙虾）的浮游藻类物种组成进行主坐标排序分析。结果表明在春季，浮游藻类物种组成在5个养殖品种的池塘中没有显著差异，并不聚类（图9-2A）。在夏季，PCoA图显示浮游藻类物种组成在5个养殖品种的池塘中可以聚成3类（图9-2B）：第一类群（斑点叉尾鮰），第二类群（小龙虾），第三类群（草鱼＋鲤＋加州鲈）。前两轴对浮游藻类物种组成的解释率为49.75%。

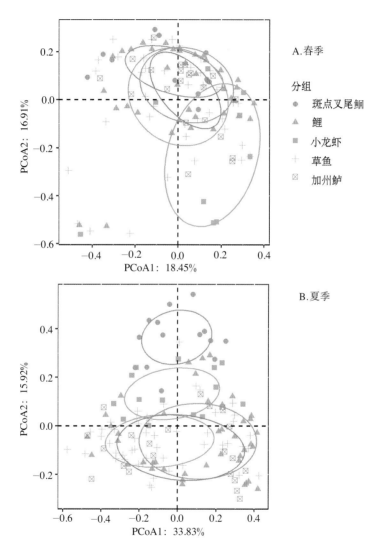

图9-2　河南养殖池塘浮游藻类物种组成主坐标分析（PCoA）图

注：不同颜色分别代表了5个养殖品种：草鱼、鲤、加州鲈、斑点叉尾鮰和小龙虾。
椭圆代表50%的分布概率可能性，坐标轴上的数字代表解释度。

为寻求影响浮游藻类物种组成的重要环境变量，我们使用了16个环境变量（水源、养殖品种、透明度、水温、碱度、硬度、pH、电导、硝氮、亚硝氮、氨氮、可溶性磷、可溶性无机碳、无机碳、总碳和溶解氧）来执行浮游藻类物种组成的RDA排序。经过

RDA的逐步前向选择，水温、电导、可溶性无机碳、碱度和硝氮成为春季浮游藻类物种组成的重要影响因子。RDA双序图显示浮游藻类物种组成和这五个变量直接存在紧密联系（图9-3A）。在夏季，RDA逐步前向选择的结果表明养殖品种、碱度、pH和溶解氧可以对RDA前两轴的解释度高达54.6%和23.0%，进一步表明这4个环境因子对浮游藻类物种组成具有显著影响（图9-3B）。事实上，养殖对象是夏季最重要的解释变量之一，RDA排序图上浮游藻类物种组成可以分为几个有明显区分的聚类。

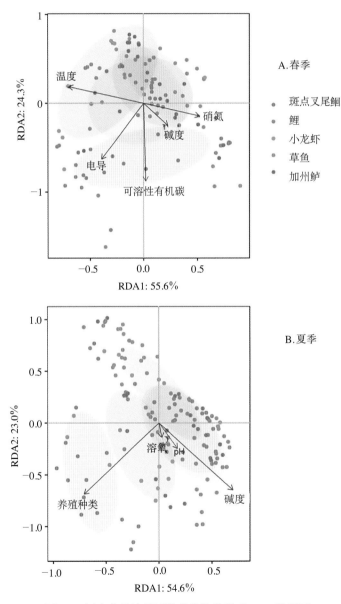

图9-3　河南养殖池塘浮游藻类物种组成RDA排序图
注：环境变量是经前向逐步筛选的对浮游藻类物种组成有显著影响的变量。
图中不同颜色代表了5个养殖品种：草鱼、鲤、加州鲈、斑点叉尾鮰和小龙虾。

9.2 草鱼塘的浮游藻类

草鱼（*Ctenopharyngodon idellus*）是鲤科、草鱼属鱼类。草鱼的俗称有皖鱼、鲩、油鲩、草鲩、鲩鱼、白鲩、草根（东北）等。体长为体高的 3.4 ~ 4.0 倍，为头长的 3.6 ~ 4.3 倍，为尾柄长的 7.3 ~ 9.5 倍，为尾柄高的 6.8 ~ 8.8 倍。体长形，吻略钝，下咽齿 2 行，呈梳形。背鳍无硬刺，外缘平直，位于腹鳍的上方，起点至尾鳍基的距离较至吻端为近。鳃耙短小，数少。体呈茶黄色，腹部灰白色，体侧鳞片边缘灰黑色，胸鳍、腹鳍灰黄色，其他鳍浅色。草鱼是中国重要的淡水养殖鱼类，它和鲢、鳙、青鱼一起，构成了中国的"四大家鱼"。草鱼已经有 1 700 多年的养殖历史，但以前都是取江河中的天然鱼苗在池塘内养大后食用或出售，从 1958 年四大家鱼人工繁殖成功后才开始真正实现全人工养殖。

从夏季草鱼养殖池塘的情况来看，排序前 20 位的浮游藻类为：细小平裂藻、小球藻、水华束丝藻、微囊藻、梅尼小环藻、扁鼓藻、优美平裂藻、假鱼腥藻、断裂颤藻、囊裸藻、小空星藻、四尾栅藻、肾形衣藻、具缘微囊藻、拟针形集星藻、典型平裂藻、曲壳藻、波吉卵囊藻、银灰平裂藻和纳氏腔球藻（图 9-4A）。从聚类数据来看，第一类养殖池塘主要分布于许昌，该类型池塘优势种类以扁鼓藻、优美平裂藻、假鱼腥藻为代表。第二类养殖池塘主要分布于安阳和平顶山，该类型池塘优势种类以细小平裂藻、微囊藻、小球藻、水华束丝藻为优势种类。第三类养殖池塘分布于其他地区，该类型池塘优势种类以细小平裂藻、小球藻为优势种类（图 9-4A）。

从春季草鱼养殖池塘的情况来看，排序前 20 位的浮游藻类为：小球藻、四尾栅藻、分歧小环藻、细小平裂藻、极小平裂藻、肘状针杆藻丹麦变种、极小曲丝藻、舟形藻、二形栅藻、浮鞘丝藻、十字藻、双对栅藻、颤藻、美丽胶网藻、二尾栅藻、背甲栅藻、卵囊藻、微小隐球藻、胶网藻和湖生假鱼腥藻（图 9-4B）。从聚类数据来看，第一类养殖池塘主要分布于许昌，该类型池塘优势种类以四尾栅藻、背甲栅藻为代表。第二类养殖池塘主要分布于安阳，该类型池塘优势种类以小球藻、四尾栅藻、分歧小环藻为代表。第三类养殖池塘主要分布于洛阳，该类型池塘优势种类以极小平裂藻、舟型藻、分歧小环藻等为代表（图 9-4B）。

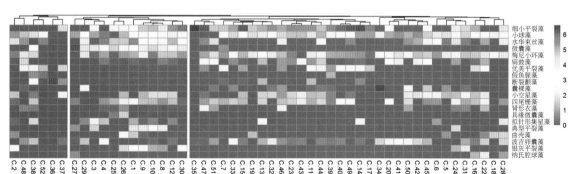

A. 夏季

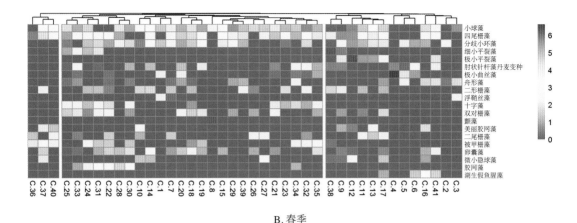

B. 春季

图9-4 草鱼塘中的浮游藻类聚类排序图

9.3 鲤塘的浮游藻类

鲤，中文别名鲤拐子、鲤子、毛子、红鱼。鲤科（Cyprinidae）中粗强的褐色鱼，学名*Cyprinus carpio*。原产亚洲，后引进欧洲、北美以及其他地区，杂食性。身体侧扁而腹部圆，口呈马蹄形，须2对。背鳍基部较长，背鳍和臀鳍均有一根粗壮带锯齿的硬棘。其适应性强，耐寒、耐碱、耐缺氧。在流水或静水中均能产卵，产卵场所多在水草丛中，卵黏附于水草上发育。鲤是淡水鱼类中品种最多、分布最广、养殖历史最悠久、产量最高的养殖品种之一。

从夏季鲤养殖池塘的情况来看，排序前20位的浮游藻类为：小球藻、细小平裂藻、扁鼓藻、四尾栅藻、微囊藻、浮球藻、小空星藻、典型平裂藻、肘状针杆藻丹麦变种、龙骨栅藻、四足十字藻、绿色裸藻、小型色球藻、波吉卵囊藻、水华束丝藻、梅尼小环藻、针形纤维藻弯曲变种、扁裸藻、球囊藻和二形栅藻（图9-5A）。以上藻类是鲤塘常见的夏季优势种类。

从春季鲤养殖池塘的情况来看，排序前20位的浮游藻类为：小球藻、细小平裂藻、四尾栅藻、分歧小环藻、微囊藻、肘状针杆藻丹麦变种、卵囊藻、空星藻、舟形藻、二形栅藻、四足十字藻、十字藻、空球藻、背甲栅藻、双对栅藻、尖细栅藻、栅藻、胶网藻、微芒藻、二尾栅藻（图9-5B）。以上藻类是鲤塘常见的春季优势种类。

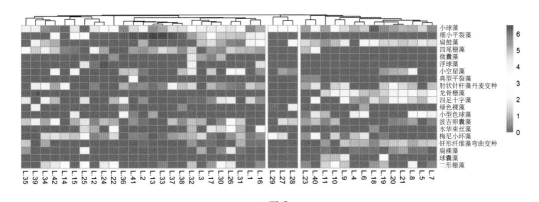

A. 夏季

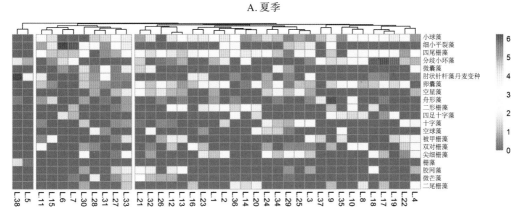

B. 春季

图9-5　鲤塘中的浮游藻类聚类排序图

9.4　鲈塘的浮游藻类

鲈（*Lateolabrax japonicus*），又称花鲈、寨花、鲈板、四肋鱼等，俗称鲈鲛，与黄河鲤、鳜及黑龙江兴凯湖大白鱼并列为"中国四大淡水名鱼"。鲈，体长侧扁，下颌长于上颌，肉坚实呈蒜瓣状，鱼鳔可制鱼肚，常清蒸食用。鲈肉质洁白肥嫩，细刺少、无腥味，味极鲜美，富含丰富的蛋白质和维生素，可入药，是一种极其珍贵的补品。一般体长30～40cm，体重400～1 000g，已成为名贵经济鱼类之一。在我国，有关于鲈的品种相对比较多，大部分的鱼类均可以被称为鲈，目前为止，比较常见的鲈主要包括4种，分别是海鲈、松江鲈、七星鲈以及加州鲈。河南省养殖的鲈主要是加州鲈。

从夏季鲈养殖池塘的情况来看，排序前20位的浮游藻类为：细小平裂藻、小球藻、极小平裂藻、纳氏腔球藻、两栖菱形藻、微囊藻、小空星藻、扁鼓藻、折旋平裂藻、胶网藻、银灰平裂藻、四尾栅藻、十字藻、龙骨栅藻、二角盘星藻、四角十字藻、优美平裂藻、梅尼小环藻、静裸藻、四足十字藻（图9-6A）。以上藻类是鲈塘常见的夏季优势种类。

从春季鲈养殖池塘的情况来看，排序前20位的浮游藻类为：小球藻、四尾栅藻、微囊藻、极小平裂藻、二尾栅藻、卵囊藻、小空星藻、网球藻、空球藻、分歧小环藻、空星藻、细小平裂藻、弓形藻、双对栅藻、微小隐球藻、尖细栅藻、舟型藻、斜生栅藻、纤维藻、二形栅藻（图9-6B）。以上藻类是鲈塘常见的春季优势种类。

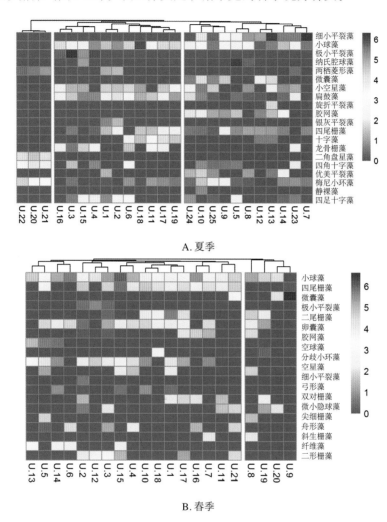

图9-6　鲈塘中的浮游藻类聚类排序图

9.5　小龙虾塘的浮游藻类

小龙虾（*Procambarus clarkii*），也称克氏原螯虾、红螯虾和淡水小龙虾。形似虾而甲壳坚硬。成体长5.6～11.9cm，暗红色，甲壳部分近黑色，腹部背面有一楔形条纹。幼虾体为均匀的灰色，有时具黑色波纹。螯狭长。甲壳中部不被网眼状空隙分隔，甲壳上明显具颗粒。额剑具侧棘或额剑端部具刻痕，是淡水经济虾类，因肉味鲜美广受人们欢迎。小龙虾近年来在中国已经成为重要经济养殖品种。

从夏季小龙虾养殖池塘的情况来看，排序前20位的浮游藻类为：细小平裂藻、小球藻、微小隐球藻、扁鼓藻、极小平裂藻、梅尼小环藻、拟针形集星藻、链状假鱼腥藻、未知1、粘四集藻、小空星藻、肥蹄形藻、四角十字藻、断裂颤藻、二形栅藻、四足十字藻、小型色球藻、惠氏集胞藻、湖生假鱼腥藻、微小色球藻（图9-7A）。以上藻类是小龙虾塘常见的夏季优势种类。

从春季小龙虾养殖池塘的情况来看，排序前20位的浮游藻类为：微囊藻、湖生假鱼腥藻、舟型藻、小球藻、卵囊藻、锥囊藻、纤维藻、屈膝裸藻、细小平裂藻、肘状针杆藻丹麦变种、极小曲丝藻、极小假鱼腥藻、弓形藻、胶网藻、浮丝藻、微小色球藻、扁裸藻、分歧小环藻、绿色裸藻和衣裸藻（图9-7B）。以上藻类是小龙虾塘常见的春季优势种类。

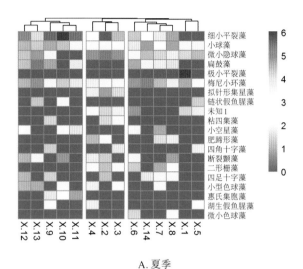

A. 夏季

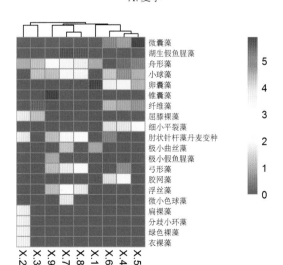

B. 春季

图9-7 小龙虾塘中的浮游藻类聚类排序图

9.6 斑点叉尾鮰塘的浮游藻类

斑点叉尾鮰（*Ietalurus Punetaus*）是鮰科、鮰科鱼类。属大型鱼类，最大个体可达20kg以上，体型较长，前部较宽肥，后部较细长，头部较长。口亚端位，头部上下颚具深灰色触须4对，长短各异，以口角须最长、鼻须最短、眼较小，侧中位，鳃孔较大，鳃膜不连颊部。体表光滑，侧线完全，体两侧及背部淡灰色或淡茶青色，腹部乳白色或银白色，幼鱼体的两侧有明显而不规则的黑色斑点，成色的斑点则逐渐变得不明显或消失。背鳍1个，基底短，鳍棘1根，其后缘呈锯齿状，鳍条6～7根；胸鳍有1根锯齿状硬棘和8～9根鳍条；腹鳍于腹位，鳍条8～9根；臀鳍基部较长，鳍条24～29根；尾鳍分叉深；背鳍后有一脂鳍。原产于北美洲大陆，从加拿大南部到墨西哥北部。斑点叉尾鮰为温水性鱼类，栖息于河流、水库、溪流、回水、沼泽和牛轭湖等水域底层。幼鱼阶段活动较弱，喜集群在池水边缘摄食、活动。随着鱼体的长大，游泳能力增强，逐渐转向水体中下层活动。冬天主要在水体底层活动，而且活动能力明显降低。主要以底栖动物、小鱼、虾、水生昆虫、有机碎屑等为食。

从夏季斑点叉尾鮰养殖池塘的情况来看，排序前20位的浮游藻类为：微小隐球藻、典型平裂藻、细小平裂藻、小型色球藻、梅尼小环藻、小球藻、扁鼓藻、微囊藻、空球藻、史密斯微囊藻、隐球藻、肘状针杆藻丹麦变种、波吉卵囊藻、断裂颤藻、四足十字藻、针形纤维藻、四尾栅藻、二形栅藻、泽丝藻和椭圆卵囊藻（图9-8A）。以上藻类是斑点叉尾鮰塘常见的夏季优势种类。

从春季斑点叉尾鮰养殖池塘的情况来看，排序前20位的浮游藻类为：细小平裂藻、小球藻、微小隐球藻、极小平裂藻、四尾栅藻、优美平裂藻、四足十字藻、短刺四星藻、二形栅藻、双对栅藻、分歧小环藻、美丽胶网藻、爪哇栅藻、胶网藻、直角十字藻、微囊藻、十字藻、二尾栅藻、卵囊藻和空球藻（图9-8B）。以上藻类是斑点叉尾鮰塘常见的春季优势种类。

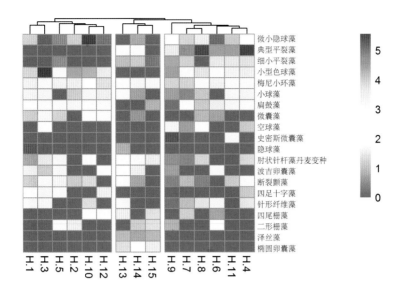

A. 夏季

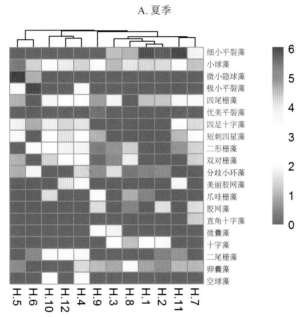

B. 春季

图9-8 斑点叉尾鮰塘中的浮游藻类聚类排序图

10 河南省养殖池塘蓝藻分布与水环境特征

10.1 河南省养殖池塘蓝藻名录

2019年春季调查池塘中共鉴定出3目8科10亚科21属31种，夏季池塘中共鉴定出3目8科10亚科25属40种蓝藻（表10-1）。夏季蓝藻种类数略多于春季。池塘蓝藻多为色球藻目、颤藻目和念珠藻目的种类。常见水华蓝藻种类如微囊藻（*Microcystis*）、浮丝藻（*Planktothrix*）、鞘丝藻（*Lyngbya*）、席藻（*Phormidium*）、假鱼腥藻（*Pseudanabaena*）、束丝藻（*Aphanizomenon*）、鱼腥藻（*Anabaena*）、颤藻（*Oscillatoria*）等都有检出。其频数分布如表10-2所示。

表10-1 2019年春季和夏季调查河南省养殖池塘蓝藻名录

目	科	亚科	种	春季	夏季
色球藻目 Chroococcales	平裂藻科 Merismopediaceae	平裂藻亚科 Merismopedioideae	点形平裂藻 *Merismopedia punctata*	+	+
			微小平裂藻 *Merismopedia tenuissima*	+	+
			优美平裂藻 *Merismopedia elegans*	+	+
			旋折平裂藻 *Merismopedia convoluta*		+
			极小平裂藻 *Merismopedia tenuissima*		+
			细小平裂藻 *Merismopedia minima*	+	+
			银灰平裂藻 *Merismopedia glauca*		+
			细小隐球藻 *Aphanocapsa elachista*		+
			微小隐球藻 *Aphanocapsa delicatissima*	+	+
			惠氏集胞藻 *Synechocystis willei*		+

目	科	亚科	种	春季	夏季
色球藻目 Chroococcales	平裂藻科 Merismopediaceae	束球藻亚科 Gomphosphaerioideae	腔球藻 *Coelosphaerium* sp.	+	+
	色球藻科 Chroococcaceae		微小色球藻 *Chroococcus minutus*	+	+
			束缚色球藻 *Chroococcus tenax*	+	+
			色球藻 *Chroococcus* sp.	+	
			刺色球藻 *Chroococcus horridus*	+	
			蓝纤维藻 *Dactylococcopsis* sp.	+	+
	微囊藻科 Microcystaceae		粘球藻 *Gloeocapsa* sp.	+	+
			微囊藻 *Microcystis* sp.	+	+
			具缘微囊藻 *Microcystis marginatae*		+
			惠氏微囊藻 *Microcystis wesenbergii*		+
			史密斯微囊藻 *Microcystis smithii*	+	+
	聚球藻科 Synechococcaceae	隐杆藻亚科 Aphanothecoideae	隐杆藻 *Aphanothece* sp.	+	+
颤藻目 Osillatoriales	席藻科 Phormidiaceae	席藻亚科 Phormidioideae	席藻 *Phormidium* sp.		+
			阿氏浮丝藻 *Planktothrix agardhii*	+	+
			螺旋浮丝藻 *Planktothrix spiroides*		+
	颤藻科 Oscillatoriaceae	颤藻亚科 Oscillatorioideae	鞘丝藻 *Lyngbya* sp.	+	+
			颤藻 *Oscillatoria* sp.	+	+
		螺旋藻亚科 Spirulinoideae	螺旋藻 *Spirulina* sp.	+	+
	伪鱼腥藻科 Pseudanabaenaceae	细鞘丝藻亚科 Leptolyngbyoidceae	环离浮鞘丝藻 *Planktolyngbya circumcreta*		+
			浮鞘丝藻 *Planktolyngbya* sp.	+	
			细鞘丝藻 *Leptolyngbya* sp.		+
		池枝藻亚科 Limnotrichoideae	泽丝藻 *Limnothrix* sp.	+	+
			链状假鱼腥藻 *Pseudanabaena inaequalis*		+
			卷曲假鱼腥藻 *Pseudanabaena circinalis*	+	

（续）

目	科	亚科	种	春季	夏季
颤藻目 Osillatoriales	伪鱼腥藻科 Pseudanabaenaceae	池枝藻亚科 Limnotrichoideae	假鱼腥藻 *Pseudanabaena* sp.		+
			极小假鱼腥藻 *Pseudanabaena perpusilla*	+	+
			湖生假鱼腥藻 *Pseudanabaena lacustis*	+	+
念珠藻目 Nostocales	念珠藻科 Nostocaceae	鱼腥藻亚科 Anabaenoideae	束丝藻 *Aphanizomenon* sp.	+	+
			弯形小尖头藻 *Raphidiopsis curvata*	+	+
			柱孢藻 *Cylindrospermum* sp.	+	+
			鱼腥藻 *Anabaena* sp.	+	+
			圆柱鱼腥藻 *Anabaena cylindrica*	+	
			拟鱼腥藻 *Anabaenopsis* sp.	+	+
		念珠藻亚科 Nostocoideae	念珠藻 *Nostoc* sp.		+
			宽管链藻 *Aulosira laxa*	+	+

表10-2　2019年春季和夏季调查河南省养殖池塘主要蓝藻出现频度

蓝藻种类	春季（%）	夏季（%）
平裂藻	37.28	61.21
色球藻	12.43	30.84
蓝纤维藻	15.38	15.89
腔球藻	0.59	3.27
隐杆藻	0.59	0.00
隐球藻	17.75	29.44
微囊藻	14.79	26.17
尖头藻	5.33	1.87
集胞藻	0.00	3.27
席藻	0.00	3.74
束丝藻	9.47	20.56
长孢藻	0.00	2.34
螺旋藻	15.98	23.36
浮丝藻	19.53	27.57
鞘丝藻	5.92	8.88

（续）

蓝藻种类	春季（%）	夏季（%）
念珠藻	0.00	3.74
矛丝藻	0.00	0.93
颤藻	1.18	11.68
泽丝藻	0.59	2.34
鱼腥藻	1.18	1.87
假鱼腥藻	8.88	17.29
宽管链藻	0.00	0.47

10.2 养殖池塘蓝藻分布特征

春季调查的养殖池塘藻类丰度为 $1.12 \times 10^{4} \sim 1.98 \times 10^{9}$ ind./L，夏季调查的养殖池塘藻类丰度为 $1.91 \times 10^{5} \sim 1.54 \times 10^{11}$ ind./L（图10-1）。夏季养殖池塘藻类丰度普遍高于春季，且夏季蓝藻丰度明显高于春季（图10-2）。从蓝藻与其他藻类丰度占比情况来看，春季蓝藻丰度占比为 $0 \sim 98.60\%$，但蓝藻占比低于20%的池塘超过50%，其中有21.32%的池塘未检出蓝藻，蓝藻占比高于80%的池塘仅占2.94%。夏季蓝藻丰度占比为 $0 \sim 97.58\%$，蓝藻占比低于20%的池塘为24.04%，其中仅7.65%的池塘未检出蓝藻，蓝藻占比高于80%的池塘占16.39%（图10-3）。

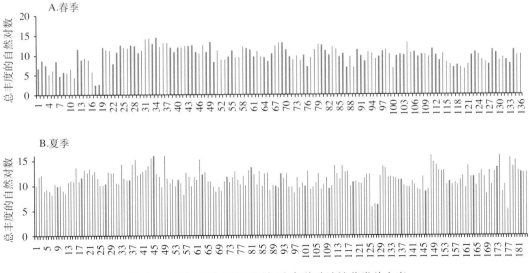

图10-1　2019年春季和夏季调查各养殖池塘藻类总丰度

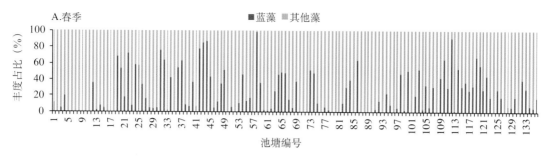

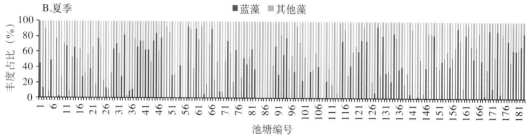

图10-2 2019年春季和夏季调查各养殖池塘蓝藻丰度占比

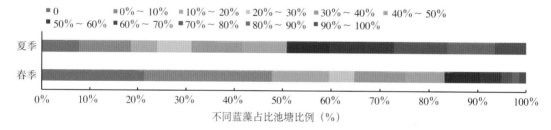

图10-3 2019年春季和夏季调查各养殖池塘蓝藻丰度占比分布

春季池塘经常出现的水华蓝藻种类分别为浮丝藻、微囊藻、假鱼腥藻和鞘丝藻，检出池塘占比分别为17.75%、11.83%、8.88%和5.92%。夏季池塘最常出现的水华蓝藻种类分别为浮丝藻、微囊藻、束丝藻、假鱼腥藻、颤藻和鞘丝藻，检出池塘占比分别为26.64%、25.23%、20.56%、16.36%、11.21%和7.94%（图10-4）。春季浮丝藻、束丝藻、微囊藻、假鱼腥藻、鞘丝藻、颤藻丰度占比低于10%的池塘数占池塘总数的12.62%、4.67%、3.74%、3.27%、2.80%和0.47%，微囊藻占比在10%～20%的池塘数占比2.34%，假鱼腥藻丰度占比20%～30%和40%～50%的池塘数占比分别为1.87%和1.40%，各主要水华蓝藻丰度占比高于50%的池塘数很少，微囊藻丰度占比50%～60%和90%～100%的池塘各1个，占比0.47%，鞘丝藻丰度占比60%～70%、颤藻占比70%～80%的池塘各1个，分别占比0.47%（图10-5）。夏季浮丝藻、束丝藻、微囊藻、假鱼腥藻、颤藻和鞘丝藻丰度占比低于10%的池塘数分别占24.30%、16.36%、10.75%、10.75%、10.28%和6.54%。除微囊藻外，其他水华蓝藻丰度占比高于20%的池塘数仍很少。7.01%的池塘微囊藻占比为10%～20%，4.67%的池塘微囊藻占比为60%～70%

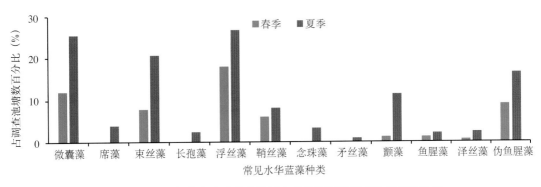

图 10-4 2019 年检出水华蓝藻池塘占春季和夏季调查池塘总数比例

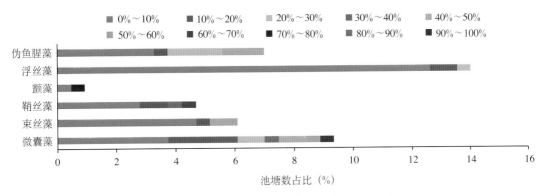

图 10-5 2019 年春季主要水华蓝藻种类丰度占比分布

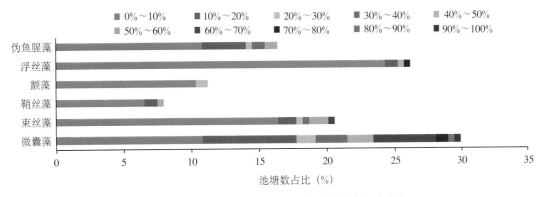

图 10-6 2019 年夏季主要水华蓝藻种类丰度占比分布

（图 10-6）。尽管浮丝藻出现频率较高，但在春季和夏季池塘中的丰度比例绝大多数低于
10%。从主要水华蓝藻丰度比例来看，春季养殖池塘水华蓝藻种类丰度相对更低。

10.3 养殖池塘水环境特征

调查期间，同时对各养殖池塘水环境特征，尤其是水化学指标进行了监测。结果显
示，不同季节不同养殖池塘各水质指标具有较大的变异度。

碱度对于水产养殖池塘具有重要作用，养殖用水需要一定碱度，但碱度过高又会对养殖生物产生毒害作用。春季和夏季调查的所有池塘中，仅有1口养殖池塘春季碱度为0.82mmol/L，低于1mmol/L。春季和夏季碱度最大值分别为12.56mmol/L和11.32mmol/L（图10-7）。春季池塘碱度较多分布在2.92～6.53mmol/L，中位数为4.81mmol/L，夏季池塘碱度较多分布在2.41～5.59mmol/L，中位数为4.14mmol/L（图10-8）。相对而言，夏季养殖池塘碱度普遍略低于春季。

硬度反映的是水中二价及多价金属离子含量的总和，主要包括钙离子、镁离子，地下水源水可能含有一定的亚铁离子和铁离子。养殖池塘要求水有一定的硬度，以确保养

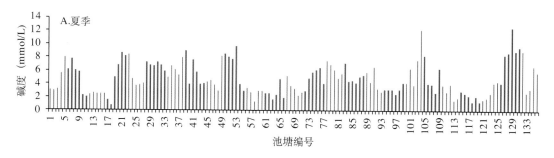

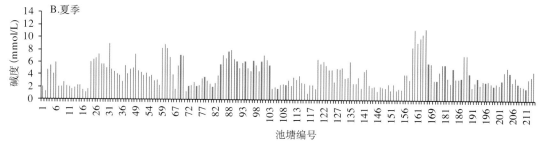

图10-7　2019年春季和夏季河南省养殖池塘碱度

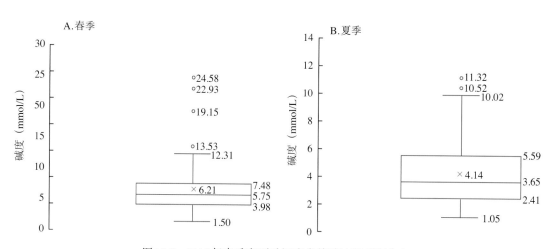

图10-8　2019年春季和夏季河南省养殖池塘碱度分布

殖生物生命活动过程所必需的营养元素供给，并有效降低重金属及一价金属离子毒性，同时增加水的缓冲性。春季和夏季调查的池塘硬度最低值分别为1.50mmol/L和1.04mmol/L，最大值分别为24.58mmol/L和13.60mmol/L（图10-9）。对于大部分养殖池塘，春季硬度分布在3.98～7.48mmol/L，中位数为6.21mmol/L，夏季硬度分布在2.88～6.00mmol/L，中位数为4.65mmol/L（图10-10）。相对而言，春季养殖池塘水体硬度高于夏季。

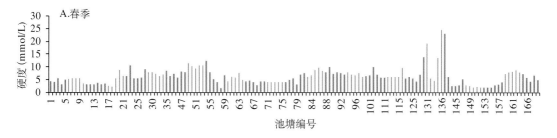

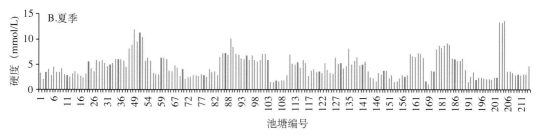

图 10-9　2019 年春季和夏季河南省养殖池塘硬度

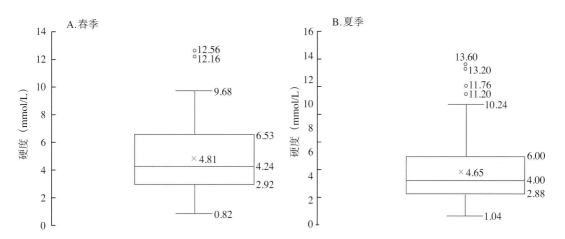

图 10-10　2019 年春季和夏季河南省养殖池塘硬度分布

　　正常养殖水体pH中性略偏碱性为宜，春季和夏季调查的河南省养殖池塘，pH变异度较小。春季调查的池塘中，pH最低值和最高值分别为5.27和9.70，夏季调查的养殖池塘中，pH最低值和最高值分别为6.71和9.76（图10-11）。对于大部分养殖池塘，春季pH分布在7.85～8.71，中位数为8.27，夏季pH分布在7.42～7.98，中位数为7.77（图10-12）。夏季pH变异度略大于春季。

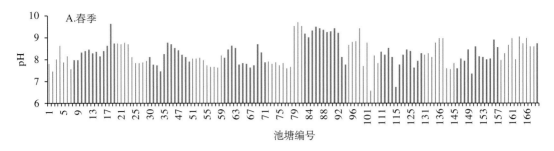

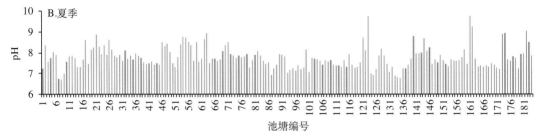

图10-11　2019年春季和夏季河南省养殖池塘pH

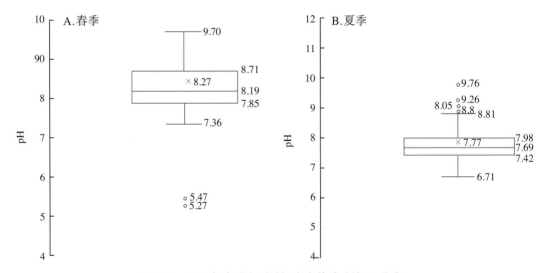

图10-12　2019年春季和夏季河南省养殖池塘pH分布

　　电导率的大小反映养殖水体的水平。春季调查的池塘中，电导率最低值和最高值分别为0.17和4.99；夏季调查的养殖池塘中，电导率最低值和最高值分别为0.18和2.29（图10-13）。对于大部分养殖池塘，春季电导率分布在0.46～1.12，中位数为0.88；夏季电导率分布在0.39～1.01，中位数为0.73（图10-14）。夏季池塘电导率绝对值和变异度略低于春季。

　　无机氮是决定池塘藻类群落结构的重要营养元素，不同池塘氮元素组成和含量存在较大变异。大多数池塘硝氮含量高于亚硝氮和氨氮含量。春季池塘硝氮、亚硝氮和氨氮含量最高值分别为6.76mg/L、0.96mg/L和6.06mg/L，夏季池塘硝氮、亚硝氮和氨氮含量

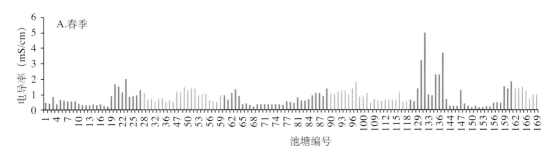

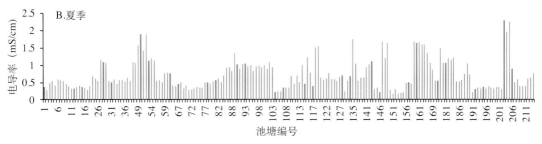

图 10-13 2019年春季和夏季河南省养殖池塘电导率

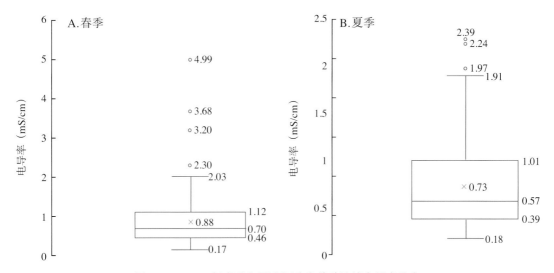

图10-14 2019年春季和夏季河南省养殖池塘电导率分布

最高值分别为7.07mg/L、1.66mg/L和1.86mg/L（图10-15）。对大多数池塘，春季硝氮含量在0.06～0.92mg/L，中位数为0.19mg/L，亚硝氮含量低于0.09mg/L，中位数为0.01mg/L，氨氮含量在0.03～0.12mg/L，中位数为0.05mg/L。夏季大部分养殖池塘硝氮含量分布在0.01～0.30mg/L，中位数为0.05mg/L，亚硝氮含量低于0.07mg/L，中位数为0.02mg/L，氨氮含量在0.03～0.12mg/L，中位数为0.06mg/L（图10-16）。尽管藻类可以吸收利用氨氮和亚硝氮，但高含量的氨氮和亚硝氮预示着池塘氧化条件不足，会直接影响养殖生物生命活动。因此，部分养殖池塘需要密切关注氨氮和亚硝氮含量。

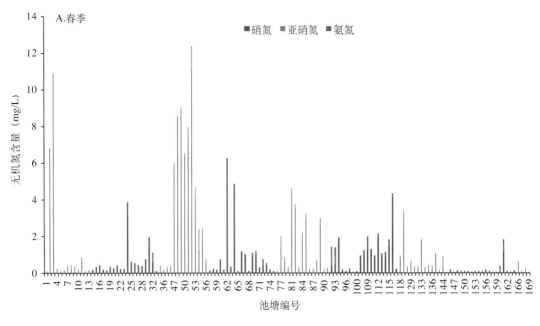

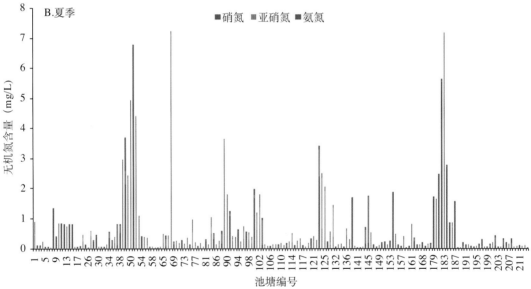

图10-15　2019年春季河南省养殖池塘硝氮、亚硝氮和氨氮含量

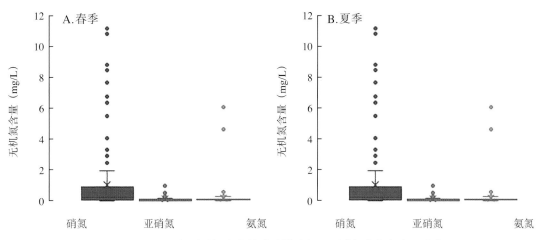

图 10-16　2019 年夏季河南省养殖池塘硝氮、亚硝氮和氨氮含量分布

正磷酸盐是藻类最易吸收的无机磷形式，春季池塘正磷酸盐含量最高值为 1.08mg/L，夏季池塘正磷酸盐含最高值为 3.40mg/L（图 10-17）。大多数池塘，春季正磷酸盐含量位于 0.01 ～ 0.04mg/L，夏季位于 0.02 ～ 0.20mg/L。正磷酸盐含量普遍偏低（图 10-18）。

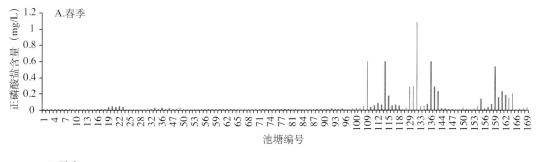

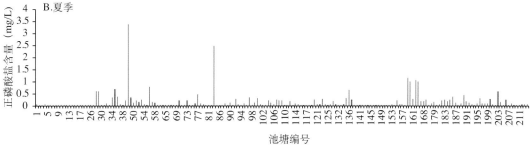

图 10-17　2019 年春季和夏季河南省养殖池塘正磷酸盐含量

春季和夏季养殖池塘溶解性有机碳（DOC）含量变异度较大，春季最低值为 6.16mg/L，最高值达到 171.30mg/L，夏季最低值 8.27mg/L，最高值达到 118.60mg/L（图 10-19）。对于大多数养殖池塘，春季 DOC 含量位于 16.59 ～ 47.68mg/L，中位数为 35.07mg/L，夏季 DOC 含量位于 20.37 ～ 46.66mg/L，中位数为 35.38mg/L（图 10-20）。

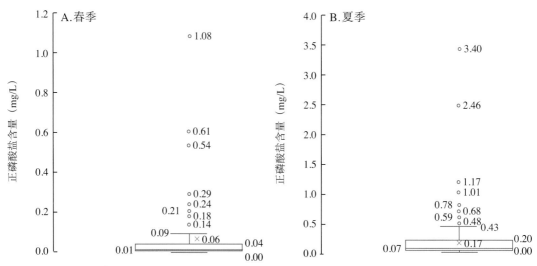

图10-18　2019年春季和夏季河南省养殖池塘正磷酸盐含量分布

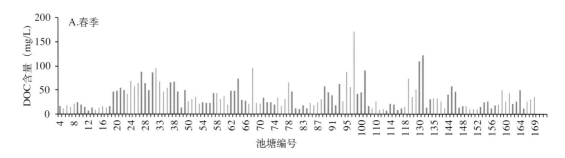

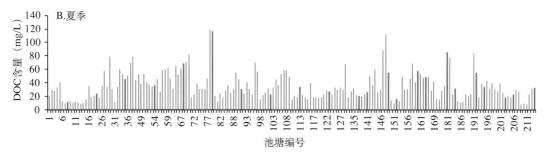

图10-19　2019年春季和夏季河南省养殖池塘溶解性有机碳（DOC）含量

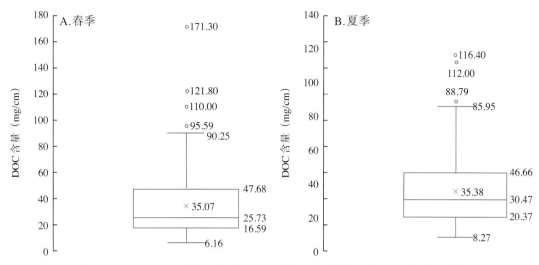

图10-20　2019年春季和夏季河南省养殖池塘溶解性有机碳（DOC）含量分布

10.4　池塘蓝藻分布的影响因素

全球尺度上的大量研究已广泛证实水体富营养化和全球变暖是导致大型水体蓝藻水华发生范围、频率、时间呈扩张态势的主要原因。在调查河南省养殖池塘蓝藻分布特征中发现，夏季池塘蓝藻种类数、检出频数、丰度和丰度占比均显著高于春季池塘（图10-21），进一步说明升温是导致蓝藻迅速扩张的重要影响因素。在养殖管理过程中，加强对高温季节池塘藻相调控和对有害蓝藻控制至关重要。

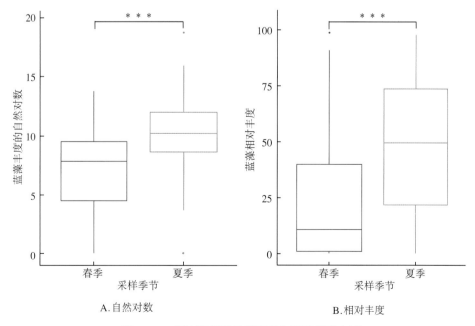

图10-21　河南省养殖池塘春季和夏季蓝藻丰度

本次调查池塘涉及的水产养殖品种包括草鱼、鲤、鲈、鲴、小龙虾、泥鳅、鲫、对虾、鳝、鲢鳙和甲鱼等，各养殖品种生活习性的差异会在一定程度上影响不同品种养殖池塘蓝藻的种类和丰度特征。由图10-22可见，春季有超过50%的乌鳢养殖池塘未检出蓝藻，鲫养殖池塘蓝藻占比均低于20%，超过80%的泥鳅养殖池塘蓝藻占比低于20%。尽管超过一半的草鱼、鲤和鲈养殖池塘蓝藻占比均低于20%，但已有超过5%的池塘蓝藻占比达到80%以上。夏季除了乌鳢、鲢、鳙和甲鱼养殖池塘外，其他品种均有蓝藻占比高于80%的养殖池塘，蓝藻占比低于20%的养殖池塘数明显减少。由于调查池塘分属于河南省从南到北、从东到西18地市的不同养殖场，换水、投饵、施肥等管理环境的不一致以及气候、水土等地理区域的差异，均会导致同一品种养殖池塘蓝藻分布存在较大的变异性。

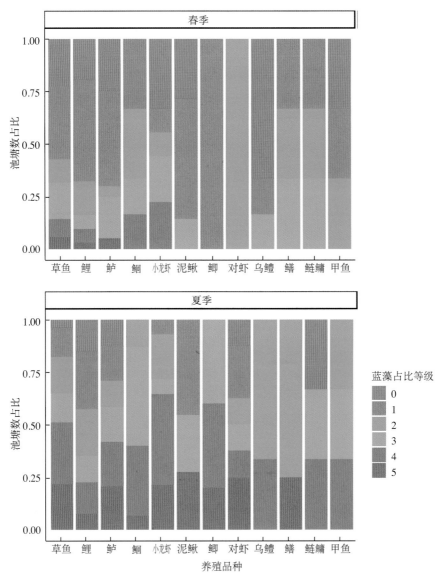

图10-22　不同品种养殖池塘蓝藻相对丰度占比分布 [图例中0、1、2、3、4、5分别表示蓝藻丰度比例为0%、(0%，20%)、(20%，40%)、(40%，60%)、(60%，80%)、(80%，100%)]

为初步探讨影响河南省养殖池塘蓝藻分布的生物及非生物因素，通过全子集回归方法，根据调整R²统计量来选择最佳模型，具体使用R语言中"leaps"包的regsubsets函数实现。以蓝藻占浮游藻类总丰度比例为响应变量，以季节（season）、养殖地区（city）、池塘面积（pond size）、水源（water source）、主养品种（main species）、水温（temp）、碱度（alka）、硬度（hard）、可溶性有机碳（DOC）、可溶性无机碳（DIC）、溶解氧（DO）、pH（pH）、电导率（cond）、可溶性无机氮（DIN）、磷酸盐（phos）、无机氮磷含量（NP ratio）、浮游藻类总丰度（tphyl）、其他藻类丰度（cothl）、Shannon Wiener多样性指数（H）等19个参数为解释变量。结果显示，其他藻类丰度、碱度和藻类多样性指数是主要解释变量（图10-23）。相对于非生物环境因素，生物因素与蓝藻占比相关性更为显著。

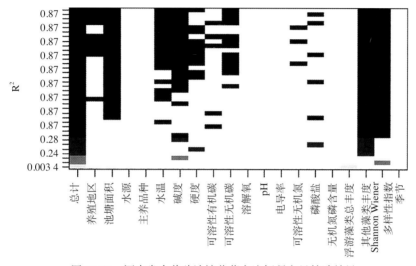

图10-23　河南省全养殖池塘蓝藻占比解释变量筛选结果

草鱼养殖池塘中，蓝藻占比主要与其他藻类丰度和Shannon Wiener多样性指数显著负相关，调整后R²可以达到0.80（图10-24A），但非生物因素包括池塘位置、采样季节、碱度、pH等与池塘蓝藻占比间相关性极低，仅与水源、可溶性无机碳和可溶性无机氮有微弱相关性，调整后R²低于0.05（图10-24B）。

鲤养殖池塘中，与蓝藻占比相关性最强的变量也是其他藻类丰度和Shannon Wiener多样性指数，调整后R²高达0.91（图10-25A），非生物因素中仅与池塘面积、硬度和溶氧有一定相关性，调整后R²低于0.30（图10-25B）。

鲈养殖池塘中，与蓝藻占比相关性最强的变量也是其他藻类丰度和Shannon Wiener多样性指数，调整后R²高达0.96（图10-26A），非生物因素中仅与溶解性无机碳、电导率和水源有一定相关性，调整后R²低于0.40（图10-26B）。

鮰鱼养殖池塘中，与蓝藻占比相关性最强的变量也是其他藻类丰度和Shannon Wiener多样性指数（图10-27A），非生物因素中仅与碱度、温度有一定相关性（图10-27B）。

小龙虾养殖池塘中，与蓝藻占比相关性最强的变量是无机氮磷比、磷酸盐含量、藻类总丰度和其他藻类丰度（图10-28）。

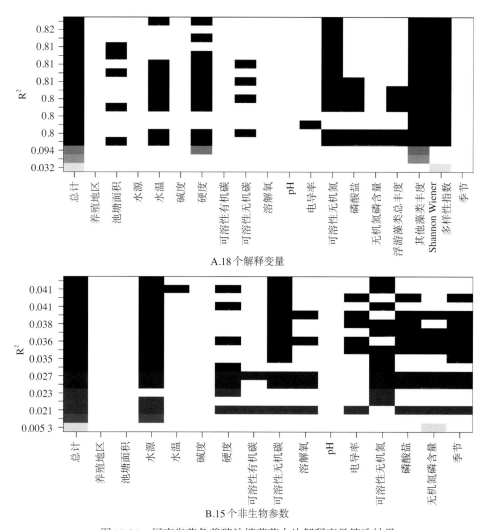

图10-24　河南省草鱼养殖池塘蓝藻占比解释变量筛选结果

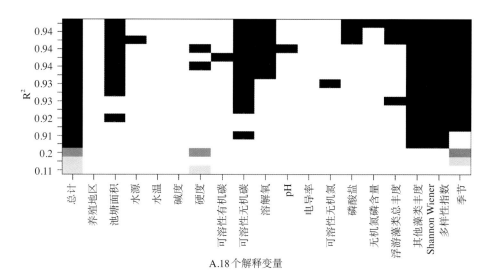

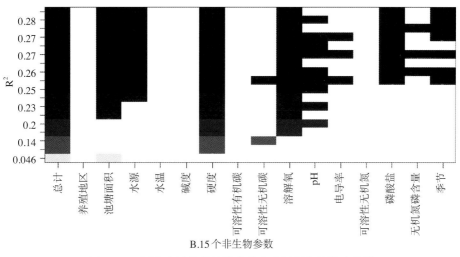

B.15个非生物参数

图10-25 河南省鲤养殖池塘蓝藻占比解释变量筛选结果

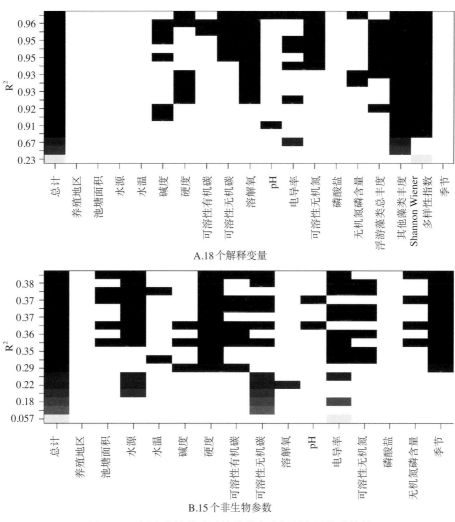

A.18个解释变量

B.15个非生物参数

图10-26 河南省鲈养殖池塘蓝藻占比解释变量筛选结果

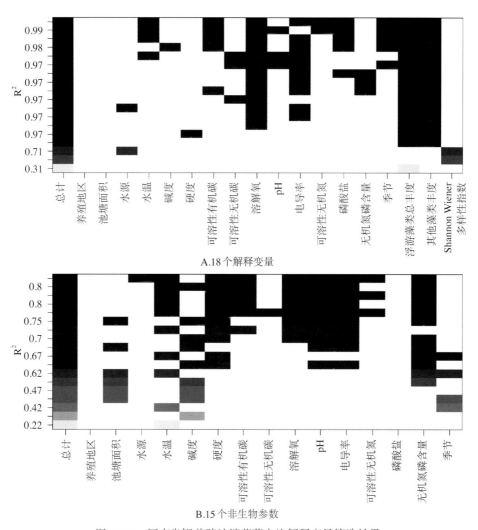

A.18个解释变量

B.15个非生物参数

图10-27　河南省鲴养殖池塘蓝藻占比解释变量筛选结果

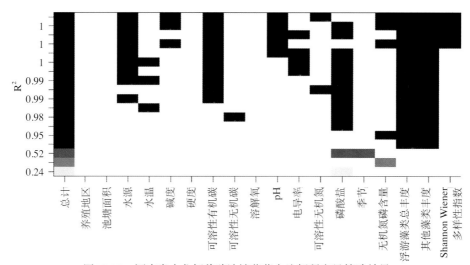

图10-28　河南省小龙虾养殖池塘蓝藻占比解释变量筛选结果

　　泥鳅养殖池塘中，与蓝藻占比相关性最强的变量是藻类总丰度和其他藻类丰度（图10-29A），非生物因素中仅与pH有一定相关性（图10-29B）。

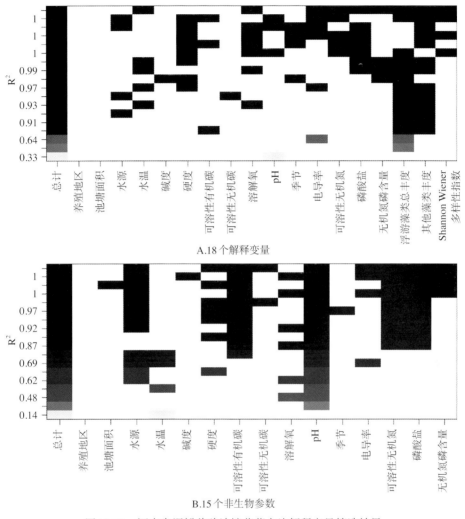

A.18个解释变量

B.15个非生物参数

图10-29　河南省泥鳅养殖池塘蓝藻占比解释变量筛选结果

　　从解释变量筛选的结果来看，绝大多数养殖池塘蓝藻占比与池塘藻类群落结构组成即藻相关系密切，因此，结合主养品种生活习性和饲喂方式，科学构建养殖池塘健康藻相是有效防控有害蓝藻危害的重要策略。

11 总结与展望

通过调查河南省草鱼、鲤、鲈、鲖、小龙虾和泥鳅等主养品种池塘浮游藻类分布特征，发现河南省养殖池塘浮游藻类群落结构主要受下行效应控制，受营养物质、碱度、硬度、pH等物理化学条件影响较小。间接说明，池塘物理化学条件未对藻类组成造成明显的主导作用，而是主要受到养殖品种的控制。养殖实践中，养殖户们也总结出了自己的套养经验，但是往往这样的套养经验并不成熟，或者过于随意。本次调查中，我们发现草鱼、鲤和鲈养殖过程中暴发微囊藻水华的风险很高，一旦形成大面积蓝藻水华，不仅大幅降低水产品质量，同时也十分难治理。因此合理调节养殖种类的配比，可有效预防蓝藻水华暴发，在养殖过程中尤为重要。调查过程中，我们发现，传统套养花、白鲢的方式仍然是简单有效的控制蓝藻水华发生的办法。但也有养殖场随意将鲤与草鱼套养，将小龙虾与螃蟹套养，不仅对养殖水体保护不利，同时养殖品种之间产生的竞争也不利于产量收获。

通过调查河南省草鱼、鲤、鲈、鲖、小龙虾和泥鳅等主养品种池塘浮游藻类多样性的分布特征，发现在这种超富营养的水体中，也可能出现浮游藻类多样性较高（Shannon Wiener多样性指数达到3）的情况，这表明水体处于较为稳定的状态，对养殖管理者来说无疑是最期待的水质管理目标。从两个季节浮游藻类多样性的决定因素来看，藻类密度是养殖池塘中浮游藻类多样性的重要指标。藻类密度越高，浮游藻类多样性越低，两者之间是负相关关系。这意味着，养殖池塘中过高的藻密度是不利的。养殖者们可以通过简单的测定水体的透明度判断藻类密度的高低，如果水体透明度过低（SD < 30 cm），一定要及时换水，降低藻类密度，这同时也会提高水体浮游植物多样性。同时，养殖品种在所有解释变量中也起到重要作用。本次调查中，我们发现草鱼、鲤和鲈养殖过程中藻类多样性是最低的，这与蓝藻水华形成的风险分析结果是一致的，提示这些养殖池塘管理者们应更好注意平时水质的管理维护工作。

通过调查池塘蓝藻分布特征，我们也发现部分养殖池塘出现有害蓝藻，少部分养殖池塘蓝藻占比较高，尤其是在夏季，一些养殖池塘水面可见蓝藻水华，威胁水产养殖产品品质和安全。初步分析显示，池塘蓝藻占比主要与藻类总丰度、其他藻类丰度、多样性指数密切相关，与水质环境因子无显著相关性。因此，在已有养殖池塘管理工作基础上，更应从有益藻类与有害藻类对营养、光照等生态位竞争利用的角度，加强池塘健康藻相构建，有效防控有害蓝藻的同时，改善和优化池塘养殖环境，提高渔业产力，提升水产品产量和品质。以下是作者从池塘藻相角度为提高水产品质量提供的一些方法和技术，供大家探讨。

11.1 养殖池塘健康藻相构建技术

养殖池塘健康藻相的构建，从原理上主要有两种途径：一是增加单细胞绿藻、硅藻等有益真核藻类；二是消除铜绿微囊藻等有害蓝藻。对于刚注入新水的池塘，一般通过添加有机肥或生物肥肥水后接种有益藻种培育健康藻相（黎建斌 等，2018）。对于趋于富营养化的池塘水体，主要通过物理、化学、生物、生态工程措施降低营养负荷。空心菜浮床对上海市松江区养殖废水总氮、氨氮、亚硝酸盐氮和总磷的去除率分别达到11.2%，60.0%，60.2%和27.3%（Zhang et al., 2014）。生物浮床对改善池塘水质、丰富藻类组成、降低过高浮游藻类生物量及提高泥鳅成活率具有一定的作用（杜兴华 等，2018）。由一个水生植物过滤器、生物沸石过滤器、生物陶瓷过滤器和砾石过滤器组成的耦合循环净水系统，对池塘悬浮颗粒物、总氮、氨氮、硝酸盐氮、亚硝酸盐氮、磷酸盐的去除率可以达到50%以上（Chen et al., 2013）。种植美人蕉的人工湿地中添加20mg/L亚铁离子，运行7天后，对养殖废水中总氮、总磷和化学需氧量的去除率可以分别达到95%、77%和62%（Zhao et al., 2019）。对于暴发有害藻华的养殖池塘，投加微生态制剂、投加植物源活性物质、生物操纵等方法已被报道具有一定的控藻效果（吴珊，2016；刘璐 等，2017）。前期采用人工湿地循环处理池塘养殖用水，也能显著减少池塘藻类数量，尤其是蓝藻数量（Zhong et al., 2011）。

藻相调控和优化的核心在于池塘营养环境的调控。现有治理方法主要是借用自然水体净化和生态修复技术，以降低营养负荷减少营养和污染物质含量为目标（Omotade et al., 2019），很少同时考虑构建池塘生态系统健康藻相对营养物质的需求。与河流、湖泊等地表水尽可能降低系统营养物质含量不同，池塘生态系统需要一定比例的营养物质来供给有益藻类生长繁殖（Lemonnier et al., 2017; Vadiveloo et al., 2018）。已有的藻相或环境调控技术，不论是原位或异位处理，还是直接或间接作用，大都涉及营养物质的转移，即将池塘中的营养物质通过各种途径转移到池塘外，从而降低池塘内营养负荷（Chen et al., 2013; Zhang et al., 2014 ），但是究竟该降低到什么程度，仍没有适宜的标准去衡量。因此，养殖池塘藻相调控和优化的关键在于精准辨识有益和有害藻相结构和营养环境之间的潜在关联。

针对湖泊、河流的富营养化和蓝藻水华问题，已有大量研究从不同尺度的调查和验证实验中揭示氮磷组成和含量、温度、水动力条件与藻华发生频率、节律、规模、毒素含量的相互关系（Xie et al., 2002; Paerl et al., 2013; Davis et al., 2015; Chaffin et al., 2018; Huisman et al., 2018; Duan et al., 2018）。也有室内竞争实验的结果显示，氮磷营养水平、pH、CO_2浓度对铜绿微囊藻等蓝藻、栅藻、小球藻等绿藻的竞争优势有影响（万蕾 等，2007; 薛凌展 等，2010; Ji et al., 2017）。已有研究开始关注养殖池塘中藻类群落与环境因子之间相互关系（Ni et al., 2018），今后应进一步通过控制实验和广泛调查相结合，针对池塘生态系统渔业产力、藻相平衡和营养环境关联开展系统研究，以实现池塘藻相的精确调控。

11.2　养殖池塘有害蓝藻控制技术

对于养殖水体，富营养化和藻华的预防可以分为两个层面：第一个层面，从源头预防过度富营养化进程，减少或禁止氮磷等营养物质的汇入，加强水体的流动性和营养物质的转移等；第二个层面，利用水生生物间的相互关系，从食物链和食物网入手，增加有害藻华的天敌数量，如经典和非经典生物操纵、溶藻菌等，利用不同养殖品种的食性差异以及藻类间的竞争关系，提升有益藻类的优势度，构建优良藻相，形成相对稳定的生态系统，即从调控藻相的角度预防有害藻华的发生，并起到提升渔业生产力的作用。

目前对养殖水体蓝藻水华的治理主要通过人工打捞、彻底清塘和用一些化学药物来杀藻或抑制藻类的生长等。具体来看，物理清除主要包括机械或人工打捞、黏土絮凝、遮光等方法，适用于对藻华的应急性清除，但其工作量大，会耗费大量人力和时间，成本高，还面临对收集藻体的进一步处置，不能从根本上清除水华蓝藻。化学杀藻主要是向水华水域施入一定量化学药剂，如液氯、次氯酸钠等氧化型药剂和硫酸铜等非氧化型药剂来杀死藻体。该类方法操作方便，见效快，但效果持续时间短，杀藻的同时也影响了水体中其他生物，残留药剂及其分解产物不可避免地会引起二次污染，不但会破坏生态环境，甚至引起鱼类死亡，影响养殖效益。很多地区目前都用漂白粉来处理蓝藻水华问题，处理之后发现池塘水质偏瘦，鱼类生长减慢。当投放过多时，还会造成蓝藻大量死亡，产生藻毒素，危害鱼虾和人体健康。同时随着时间的变化，药效减弱，蓝藻水华又重新暴发。

传统的生物控藻技术主要是通过位于食物链上游的生物，如鲢和鳙等对藻华的摄食，或是利用微生物对藻体的絮凝裂解来达到消除藻华的目的，但对于有毒藻华，面临着毒素在食物链的生物富集或者毒素在水体中的大量释放，同时大多数藻华水体本身不适宜控藻生物的生存，使得生物控藻的成功率不高。部分陆生和水生植物能够产生对蓝藻有选择性抑制效果的次生代谢物质，即植物源物质，安全性好，易于降解，对环境的影响小。植物源物质对蓝藻的选择性抑制效应，也为蓝藻水华控制和池塘藻相生态调控提供了一种新的技术思路。现已从各类植物分离鉴定出多种具有抗菌杀菌、抗虫除草的活性物质，有的已被制备成生物农药，相对于传统化学药剂，易于降解、安全性好、滞后效应较小。但是，对于已有大量蓝藻的池塘，植物源物质的大范围应用还受到资源限制。因此，对于养殖水体，有效预防有害蓝藻更有价值。

11.3　藻相调控技术发展趋势

根据农业农村部等多部委联合下发的《关于加快推进水产养殖业绿色发展的若干意见》（农渔发〔2019〕1号）和《2019年渔业渔政工作要点》（农渔发〔2019〕5号）文件精神，水产养殖业的高质量发展，必须以绿色发展为前提，广泛推行生态健康养殖制度。

河南省政府办公厅发布的《关于深入推进农业供给侧结构性改革大力发展优势特色农业的意见》，将水产业纳入河南省重点打造的十大优势特色农业之一。池塘养殖在相当长时间内仍然是我国尤其是河南省主要的水产养殖模式，高效、灵活、安全、靶向的藻相生态调控技术将具有极大的市场需求和应用前景。

我们认为，为满足人民对优质水产品和优美水域生态环境需求，加快推进水产养殖业绿色发展，池塘养殖的藻相生态调控技术，还需从以下几方面加强研发和应用。

1. 藻相的快速准确监测

通过大数据获取和分析，运用传统实验数据和遥感智能技术，构建适于不同级别需求的藻相表征技术体系，用于不同规模养殖池塘藻相的快速准确监测评价，便于调控措施的合理实施。

2. 藻相与水环境因子响应模型构建与应用

针对鲤、鲫、草鱼等主要养殖品种或特优养殖品种，通过区域性、全国性养殖池塘藻类调查，实地监测调查结合文献调研，重点比较有益真核藻类和有害原核蓝藻占优势的养殖池塘各项营养环境因子的含量水平和比例构成，深入挖掘调控池塘藻相的关键参数，建立藻相与水环境因子响应模型，提出构建优良藻相所需营养环境调配方案；通过不同尺度实验测评优良藻相构建方案的实施效果，从营养环境组成和含量水平等角度原位靶向调控池塘营养环境因子，精准构建有益藻类占优势的健康藻相，提高渔业产力的同时，减少水资源消耗和养殖废水外排，在不显著提高成本的前提下，实现养殖废水减排，推动池塘养殖绿色健康发展。

3. 安全高效靶向的原位藻相调控技术研发

针对当前日益严重的藻华污染问题，充分借助植物源物质的生态安全特性，立足于已经发现的植物源活性抑藻物质，直接面向水体中的有害藻华，通过对不同性质抑藻活性物质和投加方式的灵活运用，研发适用性强的藻华应急控制技术；利用植物源活性物质对蓝藻抑制作用的选择性，从物质性质、施用方式、生态安全性等方面研发针对不同时期不同阶段的靶向藻相调控技术，结合池塘养殖系统本身的物质循环和能量流动，研发灵活安全高效的原位藻相调控技术，提升渔业产力的同时，实现养殖水体节能减排，推进健康渔业和生态渔业的持续发展。

4. 新型池塘循环养殖系统构建与推广

结合生态浮床、生态沟、生态滤池、固着藻反应器、小微湿地、生物塘、膜生物反应器等较为成熟的生态修复与水质净化技术模块，着眼于区域池塘养殖类型特征，构建兼具养殖尾水处理与循环利用和高质量水产品养殖功能的新型池塘循环养殖系统，真正实现绿色健康养殖。

参考文献 REFERENCES

白羽, 黄莹莹, 孔海南, 2012. 加拿大一枝黄花化感抑藻效应的初步研究 [J]. 生态环境学报, 21(7): 1296-1303.

边归国, 2012. 陆生植物化感作用抑制藻类生长的研究进展 [J]. 环境科学与技术, 35: 90-95.

才美佳, 2018. 长江下游干流硅藻生物多样性研究 [M]. 上海: 上海师范大学.

晁爱敏, 于海燕, 魏铮, 等. 2016. 中国淡水微囊藻的一个新记录种 [J]. 生态科学, 35: 136-139.

杜兴华, 王妹, 蔡新华, 等. 2018. 生物浮床在泥鳅养殖中对水体生境的影响 [J]. 海洋湖沼通报(1): 129-134.

高莉莉, 惠富平, 2019. 古代鲤鱼养殖与利用小史 [J]. 古今农业(1): 37-44.

何池全, 叶居新, 1999. 石菖蒲 (*Acorusta tarinowii*) 克藻效应的研究 [J]. 生态学报, 19: 754-758.

胡鸿钧, 2011. 水华蓝藻生物学 [M]. 北京: 科学出版社.

胡鸿钧, 魏印心, 2006. 中国淡水藻类——系统、分类及生态 [M]. 北京: 科学出版社.

胡竹君, 李艳玲, 王永, 2013. 中国鞍型藻属 (*Sellaphora*) (硅藻门) 新记录种 [J]. 微体古生物学报, 30: 107-112.

蒋高中, 李群, 明俊超, 2012. 中国古代淡水养殖鱼类苗种的来源和培育技术研究 [J]. 南京农业大学学报 (社会科学版), 12: 88-93.

黎建斌, 李大列, 杨学明, 等, 2018. 三种渔肥对池塘水质和浮游生物的影响 [J]. 河北渔业(1): 50-54.

李锋民, 胡洪营, 2004. 大型水生植物浸出液对藻类的化感抑制作用 [J]. 中国给水排水, 20: 18-21.

李艳晖, 胡明明, 沈银武, 等, 2013. 中国淡水绿藻纲新记录属——麦可属 (*Mychonastes*) [J]. 水生生物学报, 37: 473-480.

李源, 闫浩, 施媚, 2015. 菹草与铜绿微囊藻化感互作及其对藻抗氧化能力的影响 [J]. 安徽师范大学学报 (自然科学版), 38: 572-575.

梁宇斌, 毕永红, 刘国祥, 2010. 三种柑橘类果皮提取物对铜绿微囊藻生长的影响 [J]. 植物科学学报, 28: 43-48.

刘洁生, 杨维东, 陈芝兰, 2007. 凤眼莲根对东海原甲藻生长的抑制作用及机制研究 [J]. 热带海洋学报, 26: 43-47.

刘璐, 张树林, 张达娟, 等, 2017. 小檗碱复合物和微生态制剂控制池塘有害蓝藻 [J]. 水产科学, 36: 443-448.

刘文桃, 2009a. 韭菜提取物对铜绿微囊藻化感抑制的研究 [M]. 扬州: 扬州大学.

刘文桃, 2009b. 韭菜提取物对铜绿微囊藻化感抑制的研究 [M]. 扬州: 扬州大学.

刘燕婷, 2011. 菊科植物浸提液对铜绿微囊藻化感作用研究 [M]. 南京: 南京师范大学.

吕绪聪, 张曼, 董静, 2021. 中国扁裸藻属新记录种——*Phacus longicauda* var. *insecta* [J]. 河南水产(3): 4.

马妍，石福臣，柴民伟，2010. 几种植物对铜绿微囊藻和莱茵衣藻的影响[J]. 南开大学学报（自然科学版），43: 81-87.

农业农村部渔业渔政管理局，2019. 中国渔业统计年鉴[M]. 北京：中国农业出版社.

舒阳，刘振乾，李丽君，2006. 凤眼莲浸出液对东海原甲藻生长的抑制作用[J]. 生态科学，25: 124-127.

谭好臣，王瑗媛，李书印，等，2020. 中国淡水水华甲藻一新记录种及其生态风险[J]. 湖泊科学，32: 190-198.

万蕾，朱伟，赵联芳，2007. 氮磷对微囊藻和栅藻生长及竞争的影响[J]. 环境科学，28: 1230-1235.

王俊，2018. 2018年汉江中下游水华成因分析与治理对策[J]. 水利水电快报，39(9): 3.

王俊，汪金成，徐剑秋，等，2018. 2018年汉江中下游水华成因分析与治理对策[J]. 水利水电快报，49: 7-11.

吴珊，2016. 水产养殖池塘蓝藻水华的生物防治[D]. 扬州：扬州大学.

谢树莲，李砧，1995. 山西囊裸藻属植物的研究[J]. 山西大学学报（自然科学版），18: 70-75.

ALVES-DA-SILVA S M, SCHÜLER-DA-SILVA A, 2007. New records for the genus *Trachelomonas* Ehr. (Euglenophyceae) in Jacuí Delta State Park, Rio Grande do Sul, Brazil[J]. Acta Botanica Brasilica, 21: 401-409.

ASHIWIN V, NAVID M, 2018. Effect of continuous and daytime mixing on *Nannochloropsis* growth in raceway ponds[J]. Algal Research, 33: 190-196.

CANTONATI M, 2011. Diatom communities of springs in the southern ALPS[J]. Diatom Research, 13: 201-220.

CHAFFIN J D, DAVIS T W, SMITH D J, et al., 2018. Interactions between nitrogen form, loading rate, and light intensity on *Microcystis* and *Planktothrix* growth and microcystin production[J]. Harmful Algae, 73: 84-97.

CHEN X, HUANG X, HE S, 2013. Pilot-scale study on preserving eutrophic landscape pond water with a combined recycling purification system[J]. Ecological Engineering, 61: 383-389.

DAVIS T W, BULLERJAHN G S, TUTTLE T, et al., 2015. Effects of increasing nitrogen and phosphorus concentrations on phytoplankton community growth and toxicity during planktothrix blooms in Sandusky Bay, Lake Erie[J]. Environmental Science & Technology, 49: 7197-7207.

DUAN Z, TAN X, PARAJULI K, et al., 2018. Colony formation in two *Microcystis* morphotypes: Effects of temperature and nutrient availability[J]. Harmful Algae, 72: 14-24.

DUNLAP J R, WALNE P L, BENTLEY J, 1983. Microarchitecture and elemental spatial segregation of envelopes of *Trachelomonas lefevrei* (Euglenophyceae) [J]. Protoplasma, 117: 97-106.

EVERALL N C, LEES D R, 1997. The identification and significance of chemicals released from decomposing barley straw during reservoir algal control[J]. Water Research, 31: 614-620.

GIBSON M T, WELCH I M, BARRETT P R F, et al., 1990. Barley straw as an inhibitor of algal growth II: laboratory studies[J]. Journal of Applied Phycology, 2: 241-248.

GOGOI A, MAZUMDER N, NATH P, et al., 2014. Characterization of fresh water centric diatom frustules (*Stephanodiscus hantzschii* sp.): A type of biogenic photonic crystals[C]. The Annual International Conference on Advanced Laser Technologies (ALT 2014).

GOJDICS M, 1953. The Genus Euglena[M]. Wisconsin: The University of Wisconsin Press.

GUI J F, TANG Q, LI Z, et al., 2018 Aquaculture in China[M]. Chichester: John Wiley & Sons Ltd.

HFLER K, HFLER L , 1952. Osmoseverhalten und Nekroseformen von Euglena[J]. Protoplasma, 41: 76-102.

JEF H, CODD G A, PAERL H W, et al., 2018. Cyanobacterial blooms[J]. Nature Reviews Microbiology, 16: 471-483.

JOHN D M , WYNNE M J , TSARENKO P M, 2014 . Reinstatement of the genus *Willea* Schmidle 1900 for

Crucigeniella Lemmermann 1900 nom. illeg. (Chlorellales, Trebouxiophyceae, Chlorophyta) [J]. Phytotaxa, 167(2): 212-214.

KRIENITZ L, BOCK C, DADHEECH P K, et al., 2011. Taxonomic reassessment of the genus *Mychonastes* (Chlorophyceae, Chlorophyta) including the description of eight new species[J]. Phycologia, 50: 89-106.

LEMONNIER H, HOCHARD S, NAKAGAWA K, et al., 2018. Response of phytoplankton to organic enrichment and shrimp activity in tropical aquaculture ponds: a mesocosm study[J]. Aquatic Microbial Ecology, 80: 105–122.

MARTIN D, RIDGE I, 1999. The relative sensitivity of algae to decomposing barley straw[J]. Journal of Applied Phycology, 11: 285-291.

MENG N, JU-LIN Y, MEI L, et al., 2018. Assessment of water quality and phytoplankton community of *Limpenaeus vannamei* pond in intertidal zone of Hangzhou Bay, China[J]. Aquaculture Reports, 11: 53-58.

PAERL H W, OTTEN T G, 2013. Harmful cyanobacterial blooms: causes, consequences, and controls[J]. Microbial Ecology, 65: 995-1010.

PAKDEL F M, SIM L, BEARDALL J, et al., 2013. Allelopathic inhibition of microalgae by the freshwater stonewort, *Chara australis*, and a submerged angiosperm, *Potamogeton crispus*[J]. Aquatic Botany, 110: 24-30.

PONIEWOZIK M, JOSEF J, 2018. Extremely high diversity of euglenophytes in a small pond in eastern Poland[J]. Plant Ecology and Evolution, 151: 18-34.

SNIGIREVA A A, KOVALEVA G V, 2015. Diatom algae of sandy spits of the northwestern part of the Black Sea (Ukraine) [J]. International Journal on Algae, 25: 148-173.

TAYABAN K M M, PINTOR K L, VITAL P G, 2018. Detection of potential harmful algal bloom-causing microalgae from freshwater prawn farms in Central Luzon, Philippines, for bloom monitoring and prediction[J]. Environment Development & Sustainability A Multidisciplinary Approach to the Theory & Practice of Sustainable Development, 20: 1311-1328.

THOMAS E W, KOCIOLEK J P, LOWE R L, et al., 2009. Taxonomy, ultrastructure and distribution of gomphonemoid diatoms (Bacillariophyceae) from Great Smoky Mountains National Park (U. S. A.) [J]. Nova Hedwigia, 135: 201-237.

WELCH I M, BARRETT P R F, GIBSON M T, et al., 1990. Barley straw as an inhibitor of algal growth I: studies in the Chesterfield Canal[J]. Journal of Applied Phycology, 2: 231-239.

WOLOWSKI K, 1993. *Euglena ettlii* Woowski ep. nova (Euglenophyceae) [J]. Archiv fü Protistenkunde, 143: 173-176.

XI X, YING-XU C, XIN-QIANG L, et al., 2010. Effects of Tibetan hulless barley on bloom-forming cyanobacterium (*Microcystis aeruginosa*) measured by different physiological and morphologic parameters[J]. Chemosphere, 81: 1118-1123.

XIE L, XIE P, 2002. Long-term (1956-1999) dynamics of phosphorus in a shallow, subtropical Chinese lake with the possible effects of cyanobacterial blooms[J]. Water Research, 36: 343-349.

XING J, VERSPAGEN J M H, MAAYKE S, et al., 2017. Competition between cyanobacteria and green algae at low versus elevated CO_2: who will win, and why? [J]. Journal of Experimental Botany, 68: 3815-3828.

YANG X, WEN X, ZHOU C, 2018. Comparative study of brine shrimp bioassay-based toxic activities of three harmful microalgal species that frequently blooming in aquaculture ponds[J]. Journal of Oceanology and

Limnology, 36: 1697-1706.

ZAKRYŚ B, 1986. Contribution to the monograph of Polish members of the genus *Euglena* Enrenberg 1830[J]. Nova Hedwigia, 42: 491-540.

ZHANG Q, ACHAL V, XU Y, et al., 2014. Aquaculture wastewater quality improvement by water spinach (*Ipomoea aquatica* Forsskal) floating bed and ecological benefit assessment in ecological agriculture district[J]. Aquacultural Engineering, 60: 48-55.

ZHAO Z, ZHANG X, WANG Z, et al., 2019. Enhancing the pollutant removal performance and biological mechanisms by adding ferrous ions into aquaculture wastewater in constructed wetland[J]. Bioresource Technology, 293: 122-131.

ZHONG F, GAO Y, YU T, et al., 2011. The management of undesirable cyanobacteria blooms in channel catfish ponds using a constructed wetland: Contribution to the control of off-flavor occurrences[J]. Water Research, 45: 6479-6488.

图书在版编目（CIP）数据

河南养殖池塘常见藻类原色图集 ／ 张曼，董静，高
云霓主编．—北京：中国农业出版社，2022.5
　　ISBN 978-7-109-29279-6

　　Ⅰ．①河…　Ⅱ．①张…②董…③高…　Ⅲ．①藻类−
图集　Ⅳ．①Q949.2-64

　　中国版本图书馆CIP数据核字（2022）第053262号

中国农业出版社出版
地址：北京市朝阳区麦子店街18号楼
邮编：100125
责任编辑：郑　君　　文字编辑：杨　爽　郑　君
版式设计：杨　婧　　责任校对：吴丽婷
印刷：北京中科印刷有限公司
版次：2022年5月第1版
印次：2022年5月北京第1次印刷
发行：新华书店北京发行所
开本：787mm×1092mm　1/16
印张：15
字数：320千字
定价：158.00元